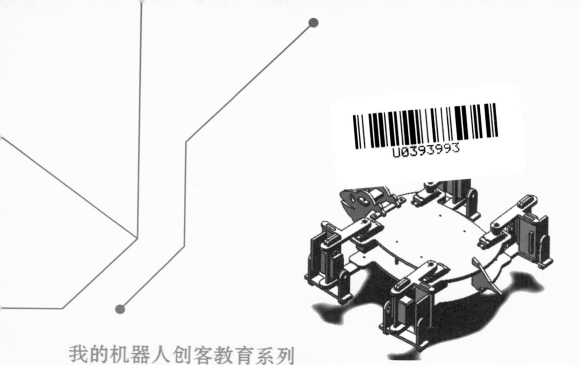

我的机器人创客教育系列

仿龟机器人的设计与制作

罗庆生　罗　霄　李铭浩◉编著

北京理工大学出版社
BEIJING INSTITUTE OF TECHNOLOGY PRESS

图书在版编目（CIP）数据

仿龟机器人的设计与制作/罗庆生，罗霄，李铭浩编著 . —北京：北京理工大学出版社，2019.7

（我的机器人创客教育系列）

ISBN 978 - 7 - 5682 - 7317 - 6

Ⅰ.①仿…　Ⅱ.①罗…②罗…③李…　Ⅲ.①仿生机器人 - 设计 - 青少年读物②仿生机器人 - 制作 - 青少年读物　Ⅳ.①TP242 - 49

中国版本图书馆 CIP 数据核字（2019）第 157196 号

出版发行／北京理工大学出版社有限责任公司

社　　址／北京市海淀区中关村南大街 5 号

邮　　编／100081

电　　话／（010）68914775（总编室）

　　　　　（010）82562903（教材售后服务热线）

　　　　　（010）68948351（其他图书服务热线）

网　　址／http：//www.bitpress.com.cn

经　　销／全国各地新华书店

印　　刷／保定市中画美凯印刷有限公司

开　　本／710 毫米 ×1000 毫米　1/16

印　　张／14.5　　　　　　　　　　　　　　　责任编辑／张慧峰

字　　数／280 千字　　　　　　　　　　　　　文案编辑／张慧峰

版　　次／2019 年 7 月第 1 版　2019 年 7 月第 1 次印刷　责任校对／周瑞红

定　　价／59.00 元　　　　　　　　　　　　　责任印制／李志强

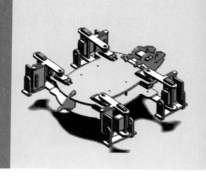

序　言

　　青少年是祖国的未来，科学的希望。以我国广大青少年为对象，开展规范性、系统性、引领性、全局性的科技创新教育与实践活动，让广大青少年通过这些活动，将理论研究与实际应用结合，将动脑探索与动手实践结合，将课堂教学与社会体验结合，将知识传承与科技创新结合，使广大青少年能有效提升创新兴趣，熟悉创新方法，掌握创新技能，增长创新能力，成为我国新时代的科技创新后备人才，意义重大，影响深远。

　　在形形色色的青少年科技创新教育与实践活动中，机器人科普教育、科研探索、科技竞赛别具特色，作用显著。这是因为机器人是多学科、多专业、多技术的综合产物，融合了当今世界多种先进理念与高新技术。通过机器人科普教育、科研探索、科技竞赛，可以使广大青少年在机械技术、电子技术、计算机技术、传感器技术、智能决策技术、伺服控制技术等方面得到宝贵的学习与锻炼机会，能够有效加深青少年对科技创新的理解能力，并提高其实践水平，让他们尽早爱科学、爱创新。

　　了解机器人的基本概念，学习机器人的基本知识，掌握机器人的设计技术与制作技巧，提升机器人的展演水平与竞技能力，将使广大青少年走近我国科技创新的最前沿，激发青少年对于科技创新尤其是机器人创新的兴趣与爱好，挖掘青少年开展科技创新的潜力，夯实青少年成为创新型、复合型人才的理论与技术基础。

　　"我的机器人创客教育系列"丛书重点讲述了仿人、仿蛇、仿狗、仿鱼、仿蛛、仿龟等六种机器人的设计与制作，之所以选择了这六种仿生机器人作为本套丛书的主题，是出于以下考虑：在仿生学一词频繁在科研领域亮相时，仿生机器人也逐步进入了人们的视野。由于当代机器人的应用领域已经从结构化环境下的定点作业，朝着航空航天、军事侦察、资源勘探、管线检测、防灾救险、疾病治疗等非结构化环境下的自主作业方向发展，原有的传统型机器人已不再能够满足人们在自身无法企及或难以掌控的未知环境中自主作业的要求，更加人性化和智能化的、具有一定自主能力、能够在非结构化的未知环境中作业的新型机器人已经被提上开发日程。为了使这一研制过程更为迅速、更为高效，人们将目光转向自然界的各种生物身上，力图通过有目的的学习和优化，将自然界生物特有的运动机理和行为方式，运用到新型仿生机器人的研发工作中去。

仿生机器人是一个庞大的机器人族群，从在空中自由飞翔的"蜂鸟机器人"和"蜻蜓机器人"，到在陆地恣意奔跑的"大狗机器人"和"猎豹机器人"，再到在水下尽情嬉戏的"企鹅机器人"和"金枪鱼机器人"；从肉眼几乎无法看清的"昆虫机器人"到可载人行走的"螳螂机器人"，现实世界中处处都可看见仿生机器人的身影，以往只有在科幻小说中出现的场景正在逐步与现实世界交汇。

仿生机器人的家族成员们拥有五花八门的外观形貌和千奇百怪的身体结构，它们通过不同的机械结构、步态规划、行动特点、反馈系统、控制方式和通信手段模拟着自然界中各种卓越的生物个体，同时又通过人类制造的计算机、传感器、控制器以及其他外部构件，诠释着自己来自实验室的特殊身份。如今，这支源于自然世界和科学世界混合编组的突击部队正信心满满，准备在人类生活中大显身手。

时至今日，仿生机器人已经成为家喻户晓的"大明星"，每一款造型新颖、构思巧妙、功能独特、性能卓异的仿生机器人自问世之时起都伴随着全世界的惊叹和掌声，仿生机器人技术的迅速发展对全球范围内的工业生产、太空探索、海洋研究，以及人类生活的方方面面产生越来越大的影响。在减轻人类劳动强度，提高工作效率，改变生产模式，把人从危险、恶劣、繁重、复杂的工作环境和作业任务中解放出来等方面，它们显示出极大的优越性。人们不再满足于在展示厅和实验室中看到机器人慢悠悠地来回走动，而是希望这些超能健儿们能够在更加复杂的环境中探索与工作。

北京理工大学特种机器人技术创新团队成立于 2005 年，是在罗庆生教授和韩宝玲教授带领下，长期不懈地走在特种机器人科技创新探索、科研任务攻关道路上，充满创新能量、奋斗不息的一支标兵团队。该创新团队的主要研究领域为光机电一体化特种机器人、工业机器人技术、机电伺服控制技术、机电装置测试技术、传感探测技术和机电产品创新设计等。目前已研制出仿生六足爬行机器人、新型特种搜救机器人、多用途反恐防暴机器人、新型工业码垛机器人、新型轮腿式机器人、新型节肢机器人、新型工业焊接机械臂、陆空两栖作战任务组、外骨骼智能健身与康复机、"神行太保"多用途机器人、履带式壁面清洁机器人、小型仿人机器人、"仿豹"跑跳机器人、先进综合验证车、仿生乌贼飞行机器人、履带式变结构机器人、制导反狙击机器人、新型球笼飞行机器人等多种特种机器人。该团队在承研某部"十二五"重点项目——新型仿生液压四足机器人过程中,系统、全面、详尽、科学地开展了四足机器人结构设计技术研究、四足机器人动力驱动技术研究、四足机器人液压控制技术研究、四足机器人仿生步态技术研究、四足机器人传感探测技术研究、四足机器人系统控制技术研究、四足机器人器件集成技术研究、四足机器人操控装备技术研究,在有关液压四足机器人的仿生研究、机构设计、结构优化、机械加工、驱动传感、液压伺服、系统控制、人工智能、决策规划和模式识别等高精尖技术方面取得一系列创新与突破,从而为本套丛书的撰写提供了丰富的资料和坚实的基础。

本套丛书的主创人员在开发高性能、多用途仿生机器人方面具有丰富的研制经验和深厚的技术积累,由罗庆生、韩宝玲、罗霄撰写的专著《智能作战机器人》曾获"第五届中华优秀出版物奖图书奖"称号,这是我国出版物领域中的三大奖项之一,表明其在科技领域,尤其是在机器人领域中的实力与地位。

本丛书由罗庆生、罗霄担任主撰;蒋建锋、乔立军、王新达、陈禹含、郑凯林、李铭浩等人参与了本套丛书的研究与撰写工作,并担任各分册的主创人员。

在本套丛书的研究与写作过程中,得到了北京市教委、北京市科委等部门相关领导的极大关怀,得到了北京理工大学出版社的热情帮助,还得到了许多同仁的无私支持。值本书即将付印出版之际,谨向所有关心、帮助、支持过我们的领导、专家、同事、朋友表示衷心的感谢!

少年强则中国强,创新多则人才多。让机器人技术助圆我国广大青少年的"中国梦"!

作　者

2019 年 7 月于北京

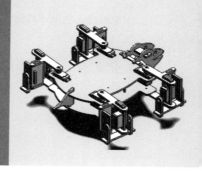

目　录
CONTENTS

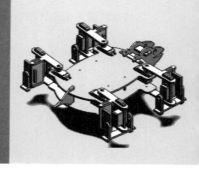

第 **1** 章
从生物乌龟到仿龟机器人

1.1　走近乌龟，了解乌龟

　　要了解乌龟，请先从龟（乌龟的简称）字的起源开始。龟是象形字，像龟之形。在我国的甲骨文中，龟之头、脚以及龟壳之纹路具现，宛然如画，如图1-1（1、2部分）所示。由图可知，有正面的形象（1部分），也有侧面的形象（2部分）。《说文》占文中（4部分）表现的是正面形象，《说文》小篆中（5部分）及以后表现的都是侧面形象。"龟"是"龜"的简化字，但乌龟侧视之形仍然依稀可辨。可见"龟"字经过几千年的演变，笔势虽有不同，而形象依然存在。

　　"龟"是爬行纲龟科动物的统称。《说文》曰："龟，旧也，外骨内肉者也。"《殷虚书契前编》曰："丙午卜，其用龟?"龟在古代用于占卜，也用作货币，因以龟为占卜和货币之称。古代印纽多作龟形，因以龟为印章的代称。古代碑座也常做成龟形，因此称为碑座。龟在中国传统文化中富有象征意义，大致可分为一褒一贬两个方面。一是龟的寿命很长，古人视为通神之灵物，常用于卜卦，因此赋予龟以吉祥、神圣的意义，如以"龟年鹤寿"形容人的长寿，以"龟龙""龟象"比喻神灵；二是龟受到惊扰或遇到危险时常把头、脚、尾都缩进壳内，因以"缩头龟""龟孙子"等为詈词，含有贬义色彩。俗体楷书"龟"基本承续了《说文》占文中（图1-1的4部分）的写法，将有错纹的甲背符号简化成了"田"，大大简化了"龟"的字形。

图1-1 龟的字源演变

1、2的来源见《甲骨文字典》第1434页；3的来源见《郭店》第182页；4、5的来源见《说文》第285页；6的来源见《马王堆》542页；7的来源见《甲金篆》第934页。

1.2 乌龟特点多，奇怪容貌细细认

乌龟（几种乌龟分别见图1-2、图1-3、图1-4和图1-5），在分类学上隶属于爬行纲、龟鳖目、龟科，是常见的一种爬行动物。它们是在经历了漫长的3亿年演化过程后幸存到现在的少数几种爬行动物分支之一（此外还有鳄、蜥蜴、蛇类及喙头蜥）。乌龟主要栖息于江河、湖泊、水库、池塘及其他水域[1]。白天多穴居水中，夏日炎热时，便成群地寻找荫凉处。乌龟性情温和，相互间无咬斗；遇到天敌或受到惊吓时，便把头、四肢和尾缩入壳内。乌龟耐饥饿能力强，数月不食也不致饿死[2]。乌龟在中国分布十分广泛，尤以长江中下游各省的数量较多。整体分布特点是从西向东、从北向南在种类和数量上逐渐增多。国外则主要分布于日本、巴西、韩国和朝鲜等国家。

乌龟的身体由壳和躯体两部分组成，其龟甲分为背甲和腹甲两部分，整体类似一个椭球形，腹甲以甲桥与背甲借韧带或骨缝相连。乌龟的头部可灵活转动，前端较扁，头顶前部平滑，略呈三角形；吻端向内侧下斜切；喙缘的角质鞘较薄弱；下颚左、右齿骨间的交角小于90°，颈部粗长，近圆筒形。

图 1-2　中华草龟

图 1-3　辐射龟

图 1-4　缅甸星龟

图 1-5　麝香龟

1.3　乌龟的生活习性

乌龟为变温动物，水温降到 10℃ 以下时，乌龟就静卧水底淤泥或有覆盖物的松土中冬眠。冬眠期一般从 11 月到翌年 4 月初。当水温上升到 15℃ 时，乌龟出穴活动；水温升到 18～20℃ 后，乌龟就开始摄食。

乌龟生活地域广阔，具有水陆两栖性。

（1）乌龟属于杂食性动物，其食谱中含有小鱼、虾、螺蛳、蚌、蚯蚓以及动物尸体及内脏、植物茎叶、瓜果皮、麦麸等[3]。

（2）乌龟的生长具有明显的阶段性，一是摄食阶段。乌龟一般 4 月下旬开始摄食，食量占其体重的 2%～3%；6—8 月，乌龟摄食旺盛，食量占其体重的 5%～6%；到了 10 月，乌龟的摄食量下降，食量占其体重的 1%～2%。二是休眠阶段。从 11 月到翌年 4 月，气温在 10℃ 以下时，乌龟进入冬眠；5 月到 10 月，当气温高于 35℃ 时，乌龟的食欲开始减退，乌龟进入夏眠阶段（短时间的午休）。

（3）乌龟喜欢集群穴居，具有明显的集群性。

（4）乌龟与虾、蟹一样，在生长过程中也会脱壳[4]。当乌龟接触被污染的水源，或是食用被污染的、有毒的食物时，乌龟就会发生脱壳。

（5）乌龟的胚胎发育具有特色，卵产后约30 h，壳上方如有一个白点，即为受精卵；产后30天，受精卵变成浅紫红色；70天后，卵壳变黑。整个孵化需80~90天稚龟才能出壳。

（6）乌龟的生长较为缓慢。在常规条件下，雌龟生长速度稍快，一龄龟体重15 g，二龄龟50 g，三龄龟100 g，四龄龟200 g，五龄龟约250 g，六龄龟400 g左右[5]。雄龟生长速度比雌龟要慢。

1.4　乌龟的主要器官

1. 乌龟的皮肤

乌龟的皮肤（除头部前端外）最大的特点就是粗糙，表皮均布满着细粒状或小块状的鳞片，有保护真皮、减少与外界的摩擦和减少体内水分蒸发的作用。

2. 乌龟的呼吸方式

乌龟颈部和四肢的伸缩运动可直接影响其腹腔的大小，从而影响了其肺部的扩大与缩小。乌龟呼吸时，先呼出气，然后吸入气，这种特殊的呼吸方式称为"咽气式"呼吸，又称为"龟吸"。乌龟的呼吸运动过程可从其后肢窝皮肤膜的收缩变化观察到。

3. 乌龟的嗅觉

乌龟头上生有两个鼻孔，但是只有一个鼻腔，鼻孔内骨块上均覆有上皮黏膜，有嗅觉功能。其中犁鼻器是乌龟的主要嗅觉器官[6]。因此，乌龟在寻找食物或爬行时，总是将头颈伸得很长，以探索外部气味，再决定前进的方向。

4. 乌龟的视觉

乌龟的眼睛构造十分独特，其角膜凸圆，晶状体更圆，且睫状肌发达，可以调节晶状体的弧度来调整视距，因此，乌龟的视野一般都非常宽阔，但清晰度较差。所以，乌龟对运动物体比较灵敏，而对静止物体却反应迟钝。据英国动物学家试验，大多数乌龟能够像人类一样分辨颜色，尤其对红色和白色的反应较为灵敏。

5. 乌龟的听觉

乌龟的听觉器官只有耳和内耳，没有外耳，而且最外面是鼓膜。所以，乌龟对空气传播的声音反应迟钝，却对地面传导的振动十分敏感。

1.5 乌龟四只脚，不慌不忙稳稳走

1.5.1 乌龟的四肢

乌龟的四肢粗短而扁平（见图 1 - 6），五趾型，位于体侧，能缩入壳内。后肢比前肢粗大。指趾间有蹼。前肢可分为臂、前臂、爪三个部分[7]。乌龟的第 1 ~ 3 指、趾均具钩形利爪，凸出于膜外，第 4、5 指、趾爪不明显或退化，藏于指、趾中。乌龟四肢上附生鳞片，前肢第 5 指具爪，后肢除第 5 趾无爪外，其余均具爪[8]。

图 1 - 6　乌龟的四肢

1.5.2 乌龟的爬行动作

乌龟四肢短小，身体靠近地面。爬行时，四肢前后交替运动，动作缓慢，头部左右摆动幅度较大，尾巴呈现波形曲线运动。换言之，就是乌龟的爬行（见图 1 - 7）与其他四蹄动物运动的方式一样，都是前、后脚岔开爬，左边前脚和右边后脚一起挪，右边前脚和左边后脚一起挪。

图 1 - 7　乌龟的爬行

乌龟的爬行动作分解情况如图 1 - 8 所示。乌龟的爬行速度虽然不是很快，但是身体却相对较稳。这也正是人们开发仿龟机器人的缘由所在。

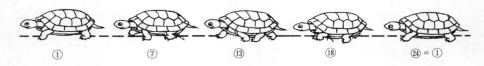

① ⑦ ⑬ ⑱ ㉔ = ①

图1-8 乌龟爬行动作分解图

1.5.3 乌龟爬行动作的启发

乌龟是爬行动物,也是长寿动物。受此启发,很长时间以来,人们就在探索爬行是否能够改善人体的健康状况。经过系统研究和深入探索,人们已经发现,仿照乌龟爬行具有以下好处。

(1)爬行健身可将全身的重量分散到四肢,以减轻身体各部位,尤其是腰椎的负荷,故对防治腰椎部疾病、腰肌劳损以及多种颈、肩、脊柱病有一定的疗效[9]。

(2)人体直立时,心脏要推动血液循环,就要克服血液的重力影响。而且人在直立运动时,下肢是主要活动器官,血液会更多地分配到下肢,心脏及其以上的器官血供减少。与此相比,爬行时由于心脏及其以上部位位置的降低,有利于全身血液加快循环,对防治心血管疾病有积极作用。

(3)爬行时人的头部得以下垂,血流量增加,能有效改善大脑的血液循环。

(4)爬行对全身其他一些系统也有好处。

爬行能使身体变得更强壮。因为这是全身性协调活动,全身的肌肉、韧带、骨骼甚至神经系统都要加入运动。

爬行可使骨骼受益,使骨骼变得更硬,可减少骨质疏松,同时使关节变得较为柔软。

爬行可使肌肉受益,使肌肉变得更有张力和弹性,也更为发达,收缩自如。

爬行是很好的有氧运动。当手臂向前伸展、横膈膜拉开的时候,人们会吸入大量氧气,当下肢向上移动时,横膈膜被压缩,促进肺部排出大量废气。

爬行促进呼吸功能。人体吸气、呼气的协调,要靠爬行时移动的方式来调节,爬得越快,所进行的深呼吸越多。

爬行可促进脑前庭的平衡系统。爬行时,特别是手足爬行时,需要脑前庭平衡系统的参与以维持身体的平衡,使其得到锻炼并加强。

实际上,爬行运动是一种水平运动,而水平运动是相对于垂直运动而言的。水平运动是指运动者在其运动过程中,其身体在与地面保持基本平行的状态下进行的各种运动。垂直运动是指运动者在其运动过程中其身体在与地面保持垂直状态下而进行的各种运动，如走路、跑步、跳跃等，人们利用很多传统的健身器材所进行的运动，也都是垂直运动，如跑步机等。有研究表明，重力对人体会产生一定的副作用，也就是说，人如果长期进行垂直运动，对身体的某些方面会有一定的不利影响。例如，有些人存在脊柱问题（颈椎和腰椎），存在器官下垂问题（包括胃、肾、子宫下垂等），都与重力的副作用有一定关系[10]。

但是在水平运动下，重力对第三腰椎的压力最小，因而可以消除和减少重力对人体的副作用。人们如果长期进行爬行运动，可以缓解并改善脊椎受力等问题，是长期久坐的人士可以从事的一项非常好的运动。

1.6 仿生学的启迪

大自然是人类最好的老师，为人类的发明和创造提供了取之不尽、用之不竭的灵感与启迪。例如，人们观察蓝藻的光合作用发明了光解水的装置；人们模仿鲨鱼皮的外貌特征设计了新型泳衣，可将水对人体的阻力减少到最小；人们根据水母耳朵的结构制做出水母耳风暴预测仪，可对风暴提前做出准确的预报[11]。

仿生学是一门既古老又年轻的学科。人类对仿生学的研究与实践可以追溯到远古时期使用的生活工具。例如，古代先民们通过观察水中自由自在、游来游去的鱼儿创造出了船舶；人们模仿鱼鳍制造出了桨橹。这些仿生学习的过程既是人类认识自然现象、掌握自然规律的过程，又是人类在学习自然、利用自然而不断发展、持续提升的过程。

仿生学（bionics）最早是在 1958 年由美国人斯蒂尔（Jack Ellwood Steele）采用拉丁语中的词汇"bios"（生命方式）和词尾"nic"（具有……性质的）组合而成[12]。1960 年，在美国第一届仿生学会议上，"仿生学"一词被正式提出，从此仿生学在机械方面的应用就再未停止过，并融合发展成为仿生机械学。

仿生机械学是一门以力学和机械学作为基础，与生物学、工程学、电子技术、控制论等相关学科相互渗透、相互融合而形成的新兴学科，是一门涉及诸多研究领域的综合性学科。该学科包括对生物机制和生物现象进行力学研究，对生物体结构、形态、动作或者功能进行工程分析和仿生设计，以帮助人们制造出结构和性能更佳、质量和效率更高的智能机械装备。因此，其研究内容和应用范围非常广泛，并且主要集中在各种专用机械手和现代机器人领域[13]。

仿生机械是通过研究和探讨生物机制，仿照生物外形、结构或者功能而设计改进的机械。现代科学技术的高速发展一方面促进了机械这门古老学科的发展；另一方面也对机械的结构以及性能提出了更为严苛的要求。与此同时，人们注意到，自然界在亿万年的演化过程中孕育了各种各样拥有神奇特性和奇妙功能的生物，它们对自然界及其规律具有高度的适应性。于是，人们开始模仿生物的形态、结构等设计性能更好、效率更高并具有生物特征的机械[14]。

目前，人们已越来越清醒地认识到：仿生学就是要有效地应用生物功能并在工程上加以实现的一门学科，仿生学的研究和应用将打破生物和机器的界限，将各种不同的系统沟通起来。

仿生学的研究范围主要包括：形态仿生、结构仿生、力学仿生、分子仿生、能量仿生、信息与控制仿生等。限于篇幅，本书主要对形态仿生进行重点阐述。

1.6.1　生物形态与形态仿生

在仿生学领域：所谓形态，是指生物体外部的形状；所谓形态学，是指研究生物体外部形状、内部构造及其变化的科学；所谓形态仿生，是指模仿、参照、借鉴生物体的外部形状或内部构造来设计、制造人工系统、装置、器具、物品等。形态仿生的关键在于要能将生物体外部形状或内部构造的精髓及特征巧妙地应用在人工系统、装置、器具、物品中，使之"青出于蓝而胜于蓝"。

对于各种模仿、借鉴或参照生物体的外部形状或内部构造而制造出的人工系统、装置、器具、物品来说，仿生形态是这些人造物体机能形态的一种形式。实际上，仿生形态既有物体一般形态的组织结构和功能要素，同时又区别于物体的一般形态，它来自设计师对生物形态或结构的模仿与借鉴，是受自然界生物形态及结构启示的结果，是人类智慧与生物特征结合的产物[15]。长期以来，人类生活在奇妙莫测的自然界中，与周围的生物比邻而居，这些生物千奇百怪的形态、匪夷所思的构造、各具特色的本领，始终吸引着人们去想象和模仿，并引导着人类制作工具、营造居所、改善生活、建设文明。例如，我国古代著名工匠鲁班，从茅草锯齿状的叶缘中得到启迪，制做出锯子。无独有偶，古希腊的发明家从鱼类梳子状的脊骨中受到启发，也制作出了锯子。

大自然和人类社会是物质的世界，也是形态的世界（见图 1-9）。事物总是在不断地变化，形态也总是在不断地演变。自然界中万事万物的形态是自然竞争和淘汰的结果，这种竞争和淘汰永无终结。自然界不停地为人们提供着新的形态，启迪着人类的智慧，引导人类从形态仿生上迈出创新的步伐[16]。

图 1-9　生物的形态

现代社会文明的主体是人和人所制造的机器。人类发明机器的目的是用机器代替人来完成繁重、复杂、艰苦、危险的体力劳动。但是，机器能在多大程度上代替人类劳动，尤其是人类的智力劳动？会不会因机器的大量使用而给人类造成新的问题？这些问题应该引起当今世界的重视。大量机器的使用让工作岗位出现了前所未有的短缺，人类已经在这种现代文明所导致的生态失调状况下开始反思并力求寻找新的出路[17]。建立人与自然、人与机器的和谐关系，重塑科技价值和人类地位，从人造形态的束缚中解脱出来，转向从自然界生物形态中借鉴设计形态，是当代形态设计的一种新策略和新理念。

首先，形态仿生的宜人性可使人与机器形态更加亲近。自然界中生物的进化、物种的繁衍，都是在不断变化的生存环境中以一种合乎逻辑与自然规律的方式进行着调整和适应。这都是因为生物机体的构造具备了生长和变异的条件，它随时可以抛弃旧功能，适应新功能。人为形态与空间环境的固定化功能模式抑制了人类同自然相似的自我调整与适应关系。因此，设计要根据人的自然和社会属性，在生态设计的灵活性和适应性上最大限度地满足个性需求。

然后，形态仿生蕴含着生命的活力。生物机体的形态结构为了维护自身、抵抗变异形成了力量的扩张感，使人们感受到一种自我意识的生命和活力，唤起人们珍爱生活的潜在意识。在这种美好和谐的氛围下，人与自然融合、亲近，消除了对立心理，使人们感到幸福与满足。

最后，形态仿生的奇异性丰富了造型设计的形式语言。自然界中无数生物丰富的形体结构、多维的变化层面、巧妙的色彩装饰和变幻的图形组织以及它们的生存方式、肢体语言、声音特征、平衡能力为人工形态设计提供了新的设计方式和造美法则。生物体中体现出来的与人沟通的感性特征将会给设计师们新的启示。

如果说结构仿生是形态静的创造的话，那么，形态仿生便是结构动的发明了。例如，看到"鹰击长空，鱼翔浅底"的动态情景，发明家曾以它们为借鉴物，利用形态仿生发明了飞机和轮船。同样利用"静在动中，动中有静"的自然现象及法则，以形态相似法制作武器和工具，可以获得发明创造的成功。如北京航空航天大学高歌博士发明沙丘驻涡火焰稳定器的研究过程就有力地说明了这一点。航空史上曾有过很多这样的记载：喷气式飞机在高空飞行时，发动机燃烧室里突然气流激振，发出震耳的噼啪声，接着一声爆响，飞机猛然熄火停车，并向下坠落 10 000 m、8 000 m、6 000 m、……飞机急剧下降，终致机毁人亡。喷气发动机加力燃烧室内 V 形火焰稳定器不稳定问题，成为世界航空界近半个世纪无法解决的难题。在我国西北沙漠中奋斗了将近十年的高歌，在攻读博士学位期间，一直与这个难题打交道。一天他回想起：在沙漠各种各样移动的沙丘形态中，有一种形似新月的沙丘总是处于静态，即不管风怎么吹，这种沙丘也"静在动中，动中有静"，不改变其形状。究其原因，是因为气流后面的流场绕过沙丘时所形成的旋涡特别稳定。"沙丘—新月"这种相似关系深深铭刻在高歌的心里，他将其运用到火焰稳定器的研究上，终于以《沙丘驻涡火焰稳定器的设计原理及方法》的博士论文，解决了困扰航空界长达半个世纪的难题，从理论和实践上突破了专家和权威们的论断，创造性地建立起独具特色的沙丘驻涡火焰稳定器的理论体系。

人类对自然界中的广大生物进行形态研究和模拟设计源远流长、历史悠久，但是作为一门独立的学科却是 20 世纪中叶的事情。1958 年，美国空军军官 J. E. 斯蒂尔少校首创了仿生学，其宗旨就是借鉴自然界中广大生物在很多方面表现出来的优良特性，研究如何制造具有生物特征的人工系统。在某种意义上人们可以认为：模仿是仿生学的基础，借鉴是仿生学的方法，移植是仿生学的手段，妙用是仿声学的灵魂。例如，枫树的果实借助其翅状轮廓线外形从树上旋转下落，在风的作用下可以飘飞得很远。受此启发，人们发明了陀螺飞翼式玩具，而这又是目前人类广泛使用的螺旋桨的雏形。

现代飞行器的仿生原型是在天空中自由翱翔的飞鸟（见图 1 – 10）。鸟的外形可以减少飞行的阻力，提高飞行效率，飞机的外形则是人们对鸟进行形态仿生设计的结果（见图 1 – 11）[18]。鸟的翅膀是鸟用于飞行的基本工具，可以分为四种类型：起飞速度高的鸟类的翅膀多为半月形，如雉类、啄木鸟和其他一些习惯于在较小飞行空间活动的鸟类。这些鸟的翅膀在羽毛之间还留有一些小的空间，使它们能够减轻重量，便于快速行动，但是这种翅膀不适合长时间飞行。褐雨燕、雨燕和猛禽类的翅膀较长、较窄、较尖，正羽之间没有空隙。这种比较厚实的翅膀可向后倒转，类似于飞机的机翼，可以高速飞行。其他两种翅膀是"滑翔翅"和"升腾翅"，外形类似，但功能不同。滑翔翅以海鸟为代表，如海鸥等，其翅膀较长、较窄、较平，羽毛间没有空隙[19-20]。在滑翔飞行期间，鸟不用扇动翅膀，而是随着气流滑翔，这样可以使翅膀得到休息。在滑翔时，鸟会下落得越来越低，直到必须开始振动翅膀停留在空中为止。在其他时间，滑翔翅鸟类则可以在热空气流上高高飞翔几个小时。升腾翅结构以老鹰、鹤和秃鹫为代表。与滑翔翅不同的是，升腾翅羽毛之间留有较宽的空间，并且较短，这样可以产生空气气流的变化。羽毛较宽，使鸟能够承运猎物。此外，这些羽毛还有助于增加翅膀上侧空气流动的速度。当鸟将其羽毛的顶尖向上卷起的时候，可以使飞行增加力量，而不需要拍打翅膀。这样，鸟就可以利用其周围的气流来升腾而毫不费力。升腾翅鸟类还有比较宽阔的飞行羽毛，这样可以大大增加翅膀的面积，可以在热空气流上更轻松地翱翔。

图 1 - 10 振翅欲飞的鸟

图 1 - 11 人造雄鹰

鸟的翅膀外面覆盖着硬羽（见图 1 - 12），其形状由羽毛的分布决定。随着羽毛向下拍动，鸟的翅膀下方的空气就形成一种推动力，称为阻力，并且由于飞行羽毛羽片的大小不同，羽片两边的阻力也有所不同。翅膀的功能主要是产生上升力和推动力[21]。比较而言，飞机的机翼只能产生上升力（见图 1 - 13），其飞行所需的推动力来自发动机的推进力。

图 1 - 12 鸟的翅膀

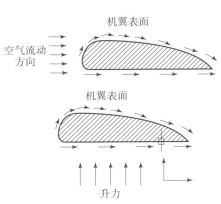

图 1 - 13 飞机机翼截面受力图

鸟的骨头属于中空结构，使身体重量得以减轻，适宜在空中飞行。飞机为了减轻机身重量，采用高强度铝合金、ABS 工程塑料等轻型材料。虽然现代化的飞机飞得比鸟高、比鸟快、比鸟远。但是，说到耗能水平、灵活程度和适应场合，鸟类仍然遥遥领先，人类在飞行技术方面还得向鸟类学习。

形态仿生设计是人们模仿、借鉴、参照自然界中广大生物外部形态或内部结构而设计人工系统、装置、器具、物品的一种充满智慧和创意的活动，这种活动应当充满创新性、合理性和适用性。因为对生物外部形态或内部结构的简单模仿和机械照搬是不能得到理想设计结果的。

人们经过认真思考、仔细对比，合理选择将要模仿的生物形态，对确定可借鉴和参考的形态特征展开研究，从功能入手，从形态着眼，经过对生物形态精髓的模仿，而设计出功能更优良、形态更丰富的人工系统。

实际上，人类造物的许多信息都来自大自然的形态仿生和模拟创造（见图1-14）。尤其是在当今的信息时代里，人们对产品设计的要求不同于以往。人们不仅关注产品功能的先进与完备，而且关注产品形态的清新与淳朴，尤其提倡产品的形态仿生设计，让产品的形态设计回归自然，赋予产品形态以生命的象征是人类在精神需求方面所达到的一种新境界[22]。

图1-14　具有形态仿生特点的人造物

德国著名设计大师路易吉·科拉尼曾说："设计的基础应来自诞生于大自然的生命所呈现的真理之中。"这句话完整地道出了自然界蕴含着无尽设计宝藏的天机[23]。对于当代设计师们来说，形态仿生设计与创新的基本条件：一是能够正确认识生物形态的功能特点、把握生物形态的本质特征，勇于开拓创新思维，善于开展创新设计；二是具有扎实的生物学基础知识，掌握形态仿生设计的基本方法，乐于从自然界、人类社会的原生状况中寻找仿生对象，启发自我的设计灵感，并在设计实践中不断加以改进与完善[24]。

在很多情况下，由于受到传统思维和习惯思维的局限，人们思维的触角常常会伸展不开，触及不到事物的本质上去。从设计创新的角度分析，自然界广大生物的形态虽然是人们进行形态仿生的源泉，但它不应该成为人们开展形态仿生设计的僵化参照物。所谓形态仿生，仿的应该是生物机能的精髓。因此，形态仿生设计应该是在创新思维指导下，使形态与功能实现完美结合。

科学研究表明，自然界的众多生物具有许多人类不具备的感官特征[25]。

例如，水母能感受到次声波而准确地预知风暴；蝙蝠能感受到超声波；鹰眼能从 3 000 m 高空敏锐地发现地面运动着的猎物；蛙眼能迅速判断目标的位置、运动方向和速度，并能选择最好的攻击姿势和时间。大自然的奥秘不胜枚举，每当人们发现一种生物奥秘，就为仿生设计提供了新的素材，也就为人类发展带来了新的可能。从这个意义上讲，自然界丰富的生物形态是人们创新设计取之不尽的宝贵题材。

当今世界，无论多么优秀的技术成果都需要转化为产品，才能走向市场、创造价值。但是，设计师们设计的成果常常会出现形态与功能不相匹配的问题。有时是因为设计成果的形态不符合科学规律，影响了设计成果功能的发挥；有时是因为设计成果的形态不满足人们感受，影响了设计成果推广的力度。在这种情况下，开展形态仿生创新设计就有可能提供解决问题的新思路。例如，在 20 世纪 30 年代，由于飞机飞行速度的不断提高，机翼颤振现象日益突出，往往由此造成飞机机翼突然断裂，甚至破碎，引起惨重的飞行事故。起初，有关专家只是从加大机翼、改换材料方面入手去研究对策，成效不大。后来，他们变换思路，力图从形态仿生角度去思考问题、获得借鉴。他们认真研究了蜻蜓等昆虫的翅膀结构，发现在蜻蜓翅膀的末端前缘有一块叫翅痣的加厚区，正是这块毫不起眼的翅痣，使薄得透明的蜻蜓翅膀能够抵抗快速飞行时产生的颤振现象。专家们立刻在飞机机翼上添加了类似的局部强化结构，有效地解决了机翼颤振问题。

自然界中万事万物的外部形态或内部结构都是生命本能地适应生长、进化的结果，这种结果对于当今的设计师来说是无比宝贵的财富，设计师们应当充分利用这些财富。那么，在形态仿生及其创新设计活动中，人们究竟应当怎么做呢？以下思路可能会对人们有所裨益。

思路一：建立相关的生物功能 – 形态模型，研究生物形态的功能作用，从生物原型上找到对应的物理原理，通过对生物功能 – 形态模型的正确感知，形成对生物形态的感性认识。从功能出发，研究生物形态的结构特点，在感性认识的基础上，除去无关的因素，建立精简的生物功能 – 形态分析模型。在此基础上，再对照原型进行定性分析，用模型来模拟生物的结构原理。

思路二：从相关生物的结构形态出发，研究其具体的尺寸、形状、比例、机能等特性。用理论模型的方法，对生物体进行定量分析，探索并掌握其在运动学、结构学、形态学方面的特点。

思路三：形态仿生直接模仿生物的局部优异机能，并加以利用。如模仿海豚皮制作的潜水艇外壳减少了前进阻力；船舶采用鱼尾形推进器可在低速下取得较大的推力。应当注意的是，在形态仿生的研究和应用中很少模仿生物形态的细节，而是通过对生物形态本质特征的把握，吸取其精髓，模仿其精华。

形态仿生及其创新设计包含了非常鲜明的生态设计观念。著名科学家科克尼曾说："在几乎所有的设计中,大自然都赋予了人类最强有力的信息"。形态仿生及其创新设计对探索现代生态设计规律无疑是一种有益的尝试和实践。

1.6.2　生物形态与工程结构

经过自然界亿万年的演变,生物在进化过程中其形态逐步向最优化方向发展。在形形色色的生物种类中,有许多生物的外部形态或内部结构精妙至极,并且高度符合力学原理。人们可以从静力学的角度出发,观察一下生物形态或结构的奥秘之处,并感受其对工程结构设计的指导作用。

自然界中有许多参天大树(见图1-15),其挺拔的树干不但支撑着树木本身的重量,而且还能抵抗风暴和地震的侵袭。这些除了得益于其粗大的树干外,庞大根系的支撑也是大树巍然屹立的重要原因。一些巨大的建筑物便模仿大树的形态进行设计(见图1-16),把高楼大厦建立在牢固可靠的地基上[26]。

图1-15　参天大树

图1-16　摩天大厦

鸟类的卵担负着传递基因、延续种族的重要任务,亿万年的进化使卵多呈球形或椭球形。这种形状的外壳既可使卵在相对较小的体形下有相对较大的内部空间,同时还可使卵能够抵抗外界的巨大压力。例如,人们用手握住一枚鸡蛋,即使用力捏握,也很难把蛋弄破。这是因为鸡蛋的拱形外壳与鸡蛋内瓤表面的弹性膜一起构成了预应力结构,这种结构在工程上有个专门的术语——薄壳结构[27]。自然界中的薄壳结构具有不同形状的弯曲表面,不仅外形美观,而且承压能力极强,因而始终是建筑师们悉心揣摩的对象。建筑师们模仿蛋壳设计出了许多精妙的薄壳结构,并将这些薄壳结构运用在许多大型建筑物中,取得了令人惊叹的效果(见图1-17)。

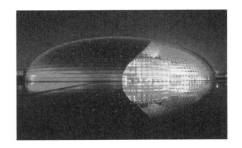

图 1 – 17　具有薄壳结构外形的大型建筑物

1.6.3　生物形态与运动机构

现代的各种人造交通工具，无论是天上飞的飞机，还是地面跑的汽车，或是水里航行的轮船，对其运动场合和运行条件都有着一定要求。若运动场合或运行条件不合适，那么它们就无法正常工作。一辆在高速公路上犹如奔马的汽车，如果陷入泥泞之中则将寸步难行；一艘在汪洋大海中宛若游龙的轮船，如果驶入浅滩之中则将无法自拔；一架在万里长空中翻腾似鹰的飞机，如果没有跑道起飞则将趴在地面望空兴叹。但自然界中有许多生物，在长期的进化和生存过程中，其运动器官和身体形态都进化得特别合理，有着令人惊奇的运动能力。

昆虫是动物界中的跳跃能手，许多昆虫的跳跃本领十分高强[28]。如果按相对于自身体长来考察的话，叩头虫（见图 1 – 18）的跳跃本事在动物界中名列前茅。在无须助跑的情况下，其跳跃高度可达体长的几十倍。叩头虫之所以如此善跳，其奥秘就在于叩头虫的前胸和腹部之间的连接处具有相当发达的肌肉，特殊的关节构造能够让其前胸向身体背部方向摆动。由于叩头虫在受到惊吓或逃避天敌时会以假死来欺骗敌人，将脚往内缩而掉落到地面，此时就可以利用关节肌肉的收缩，以弹跳的方式迅速逃离现场。

昆虫界中的跳蚤（见图 1 – 19）也是赫赫有名的善跳者。跳蚤的身体虽然很小，但长有两条强壮的后腿，善于跳跃[29]。跳蚤能跳 20 cm 高，还可以跳过其身长 350 倍的距离，相当于一个人一步跳过一个足球场。

如果在昆虫界中进行跑、跳、飞等多项竞赛，则全能冠军非蝗虫莫属（见图 1 – 20）。蝗虫有着异常灵活、高度机动的运动能力，其身体最长的部分便是后腿，大约与身长相等。强壮的后腿使蝗虫随便一跃便能跳出身长 8 倍的距离。

图 1-18　叩头虫

图 1-19　跳蚤

图 1-20　蝗虫

　　非洲猎豹是动物界中的短跑冠军（见图 1-21）。成年猎豹躯干长 1~
1.5 m，尾长 0.6~0.8 m，肩宽 0.75 m，肩
高 0.7~0.9 m，体重 50 kg 左右。猎豹目光
敏锐、四肢强健、动作迅猛。猎豹是陆地上
跑得最快的动物，速度可达 112 km/h，而
且加速度也非常惊人，从起跑到最高速度仅
需 4 s。如果人类和猎豹进行短跑比赛的话，
即便是以 9.69 s 的惊人成绩获得 2008 年北
京奥运会男子田径比赛 100 m 冠军的牙买加
世界飞人博尔特，猎豹也可以让他先跑 60

图 1-21　猎豹

m，然后奋起直追，最后领先到达终点的仍是猎豹[30]。猎豹为什么跑得这么快
呢？这与其身体结构密切相关，猎豹的四肢很长，身体很瘦，脊椎骨十分柔
软，容易弯曲，就像一根弹簧一样。猎豹高速跑动时，前、后肢都在用力，身
体起伏有致，尾巴也能适时摆动起到平衡作用。

　　动物界中的跳跃能手还有非洲大草原上的汤普逊瞪羚（见图 1-22）。汤
普逊瞪羚是诸多瞪羚中最出名的一种，它们身材娇小、体态优美、能跑善跳。
汤普逊瞪羚对付强敌的办法就是"逃跑"。非洲草原上，其速度仅次于猎豹，
而且纵身一跳就可以高达 3 m、远至 9 m。汤普逊瞪羚胆小而敏捷，一旦发现
危险，就会撒开长腿急速奔跑，速度可达 90 km/h。当危险临近时，它们会将
四条腿向下直伸，身体腾空高高跃起。这种腾跃动作，既可用来警告其他瞪羚
危险临近，同时也能起到迷惑敌人的作用。

　　袋鼠（见图 1-23）的跳跃能力也十分惊人。袋鼠属于有袋目动物，目前
世界上总共有 150 余种。所有袋鼠都有一个共同点，长着长脚的后腿强健有
力[31]。袋鼠以跳代跑，最高可跳到 4 m，最远可跳至 13 m，可以说是跳得最
高、最远的哺乳动物。袋鼠在跳跃过程中用尾巴进行平衡，当它们缓慢走动
时，尾巴则可作为第五条腿起支撑作用。

图 1 - 22　瞪羚

图 1 - 23　袋鼠

　　在浩瀚的沙漠或草原中，轮式驱动的汽车即使动力再强劲，有时也会行动蹒跚，进退两难。但是，羚羊和袋鼠却能在沙漠和草原上如履平地，它们依靠强劲的后肢跳跃前进。借鉴袋鼠、蝗虫等的跳跃机理，人们现在已经研制出新型跳跃机（见图 1 - 24）和跳跃机器人（见图 1 - 25）。虽然它们没有轮子，可是依靠节奏清晰、行动协调的跳跃运动，这些跳跃机和跳跃机器人依然可以在起伏不平的田野、草原或沙漠地区自由通行。

图 1 - 24　新型跳跃机

图 1 - 25　仿蝗虫跳跃机器人

　　但是，世界上还有许多地方，如茫茫雪原或沼泽，即使拥有强壮有力的腿脚，也是难以行进的。漫步在南极皑皑雪原上的绅士——企鹅，给人类以极大的启示。在遇到紧急情况时，企鹅会扑倒在地，把肚皮紧贴在雪面上，然后蹬动双脚，便能以 30 km/h 的速度向前滑行（见图 1 - 26）。这是因为经过两千多万年的进化，企鹅的运动器官已变得非常适宜于雪地运动。受企鹅的启发，人们已研制出一种新型雪地车（见图 1 - 27），可在雪地与泥泞地带快速前进，速度可达 50 km/h。

　　人类在水上航行的历史十分悠久，但活动能力却十分有限，远远不如人类在空中飞行和陆地行走方面取得的成就。许多鱼类的游速可轻易超过目前世界

图 1 - 26 企鹅

图 1 - 27 雪地车

上最先进的舰艇。原因也是由于大自然无所不在的进化与演变，是亿万年来鱼类为了适应水中生活，便于追逐食物和逃避敌害的进化结果。首先，鱼类的游速得益于其理想的流线形体形，这种体形使它们受到摩擦阻力和形状阻力的共同作用能够尽可能地减小。然后，鱼类在水中运动时，由于尾部的摆动，可产生一种弯曲波，使鱼的游速大为提高。另外，有些鱼类的体表还附有一种黏液，这种黏液也能降低鱼类在水中运动的摩擦阻力。目前，有许多新型船只是按照鲸鱼或海豚的体形轮廓及其身体各部比例而建造的，据称航速大为提高。

图 1 - 28 高速歼击机

随着对生物飞行机理与技能认识和理解程度的加深，人们将仿生学的部分研究成果用于航空、航天技术领域，并取得了十分可喜的成就。在长期的飞行实践中，人们对飞机的机身、机翼和发动机进行了不断改进。目前，超声速飞机的速度已达到 3 600 km/h，是声音传播速度的 3 倍；高速歼击机已能飞到 30 000 m 以上的高空，爬升的速度也达到了 200 m/s（见图 1 - 28）；远程轰炸机的航程可达 12 000 km 以上（见图 1 - 29）。飞机载重能力也有了较大提高，大型运输机虽然自重已达 250 t 以上，但还可以运载 80 t 以上的物资（见图 1 - 30）。

图 1 - 29 远程轰炸机

图 1 - 30 大型运输机

尽管如此，鸟类在千万年的自然淘汰和进化过程中所掌握的飞行本领仍然值得人类学习和借鉴。例如，现代飞机的起飞和降落都需要很长的跑道，即使是直升机也要像篮球场一样大小的空地作为起飞和降落的平台。但大多数鸟类在不需要任何空地和跑道的情况下，均能在刹那间腾空而起，远走高飞。此外，鸟类飞行时能量消耗极小，而飞机的燃料消耗却非常巨大。一架"波音747"飞机在运输 50 t 货物飞行 1 000 km 时就要消耗 100 吨轻质航空汽油，是所载货物重量的 2 倍。但是，鸟类在长途飞行中却能充分利用空气的浮力，有时临空滑翔，有时振翅飞行，非常省力。如果能达到鸟类同样的能耗水平，目前的人造小型飞机在飞行 32 km 之后仅需消耗 0.5 L 航空汽油。但是，因人造飞机的能耗水平还不够理想，这样的轻便飞机实际上要消耗 4 L 汽油。因此，对鸟类外形特征、身体结构、飞行本领的研究还需加强与加深，以便从它们身上可以发现一些尚未被人类掌握的空气动力学规律，这对于人们研制新型飞行器是非常有益的。

1.7 多姿多彩的仿生机器人

生物在自然界经过了亿万年的进化与筛选，每种生物都发展出其独特的适应环境的能力和适应环境的结构[32]。仿生学通过了解生物的结构和功能、原理来研制新型的机械产品和应用技术，或者解决机械技术方面的难题。仿生学主要是观察、研究和模拟自然界生物各种各样的特殊本领，包括生物自身的结构、原理、行为及器官功能等，从而为科学技术中利用这些原理提供新的设计思想、工作原理和系统架构。科学家们将对自然界中生物结构和功能的研究应用于机器人，从而制造出具有生物结构和结构特性的仿生机器人。仿生机器人是仿生学和机器人技术高度融合的产物，极大地促进了机器人领域的发展，开拓了机器人领域的"疆土"，使人们将从大自然中获取的灵感应用于实际的生产实践中。

1.7.1 水下巡游机器人

水下环境远较陆面复杂，诸如水深压强、线路绝缘、防渗防漏、低能见度环境、通信手段受限等问题均需考虑。但是，由于水下仿生机器人的用途极为广泛、需求十分旺盛，所以各国并没有因为困难和险阻而中断研究。1994 年，美国麻省理工学院（MIT）通过模仿金枪鱼结构，制造出了机器鱼 RoboTuna，其目的是探讨构建一个可重现金枪鱼游泳方式的机器人潜艇，研究人员致力于提高该机器人的推进效率和灵活性。1998 年，Draper 实验室研制了 RoboTuna

的最高版本 VCUUV，如图 1－31 所示。

图 1－31　机器鱼 VCUUV

1.7.2　地面机动机器人

1. 仿生跳跃机器人

仿蟋蟀跳跃机器人是美国凯斯西储大学研究人员通过研究蟋蟀两种不同的运动方式进行设计和控制的，如图 1－32 所示。该机器人的尺寸只有 5 cm，腿部由高分子管状纤维编织成的人工筋驱动。仿青蛙跳跃机器人是根据青蛙的跳跃具有爆发性强、距离远（能达到身体长度的 15 倍左右）的运动机理设计的，如图 1－33 所示。该机器人具有自由度多、运动灵活、对环境适应能力强等特点[33]。

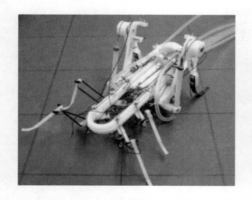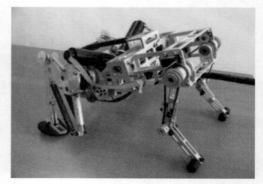

图 1－32　仿蟋蟀跳跃机器人　　　　　　图 1－33　仿青蛙跳跃机器人

2. 仿人双足机器人

仿人机器人的研制开始于 20 世纪 60 年代末的双足步行机器人[34]。日本早稻田大学首先展开了该方面的研究工作，其研制的 WAP、WL 及 WABOT 30 系列机器人能实现基本的行走功能。在此期间，日本、美国、欧盟、韩国等国家和地区的多家机构均进行了仿人双足机器人的研究探索工作，并取得了许多突破性的成果，如美籍华人郑元芳博士在 1986 年研制出了美国第一台双足步行机器人 SD－1 以及其改进版 SD－2。这时，人们的研究重点主要还是放在实现机器人的行走功能上，并能实现一定程度的控制。

进入 21 世纪以后，随着传感器技术和智能控制技术的发展，仿人机器人具有了一定的感知功能，能获取外界环境的简单信息，可做出简单的判断，并相应调整自己的动作，使得运动更加连续流畅。2000 年，日本本田公司研发的仿人机器人 ASIMO 2000 不仅具有人的外观，而且可以事先预测下一个动作并提前改变重心位置，因此转弯时的步行动作十分连续流畅，可谓行走自如，成为第一个具有世界影响力的仿人机器人。2003 年，日本索尼公司推出了"QRIO"机器人，该机器人首次实现了仿人机器人的跑动。其后，法国的"BIP 2000"机器人、索尼公司的"SDR"系列机器人、日本 JVC 公司研制的"J4"机器人、韩国的"HUBO"机器人，实现了站立、上下楼梯、跑步、做操等各种复杂动作。随着控制理论的发展与控制技术的进步，仿人双足机器人的智能性更强，能实现的动作更加复杂，运行也更加稳定，并且能根据环境的改变和它自身的判断结果自动确定与之相适应的动作。例如，本田公司在 2011 年发布的"ASIMO 2011"机器人（见图 1－34），综合了视觉和触觉的物体识别技术，可以进行细致作业，如拿起瓶子拧开瓶盖，将瓶中液体注入柔软纸杯等；还能依据人类的声音、手势等指令从事相应动作。此外，该机器人还具备了基本的记忆与辨识能力。

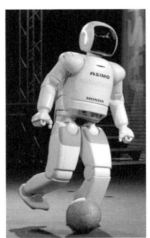

图 1－34 "ASIMO 2011" 仿人双足机器人

1.7.3　空中飞行机器人

1. 仿生蜂鸟无人飞行器

相信大家对四旋翼无人机都有所知晓，困扰四旋翼无人机进一步发展的是它的体积和重量问题。在目前的设计中，四旋翼无人机依靠传统的空气动力学进行工作，这也导致其不能制造的无限小，因为制造的越小就不能产生足够的升力来支撑它们的重量。

近日，美国普渡大学的研究人员在一篇公开发表的论文中阐述了他们近期的研究成果，其依托于仿生学的原理，模仿蜂鸟的运动研究出一种仿生蜂鸟无人飞行器（见图1-35），能够像机器人一样进行操纵[35]。

为什么要模仿蜂鸟而不是其他的鸟类呢？因为蜂鸟与其他鸟类飞行方式不同，它是鸟类中唯一可以向后飞行的种类[36]。蜂鸟的身体特别小，其飞行原理与传统空气动力学不同，蜂鸟可以通过快速振动翅膀在空中进行

图1-35　仿生蜂鸟无人飞行器

悬停，每秒可振动15~80次。因此，研究人员借鉴蜂鸟飞行原理设计了新型蜂鸟机器人。

事实上，关于蜂鸟机器人的研究早在20世纪80年代就已经开始了。最初由美国研制了一种无铰链刚性旋翼概念机，一代无人机能够进行垂直起降。2009年，日本科学家研发出了真正意义上的蜂鸟机，它可以在空中进行悬停，真正实现了仿蜂鸟飞行。2011年，有着40年飞行器制造历史的美国加利福尼亚州的航空环境公司研发了一种名为"纳米蜂鸟"的无人机，当年被《时代》杂志评为世界五十大创新发明之一。而此次由美国普渡大学研发的仿生蜂鸟无人飞行器，是通过物理模拟和人工智能衍生的算法进行控制的，机身采用三维（3D）打印技术制成，机翼（具有170 mm跨度）采用碳纤维框架支撑，并结合激光切割膜制成，具有很高的灵活性和弹性。仅使用两个执行器，每个机翼一个，并且带有传感器（磁性传感器、陀螺仪、加速度计）和微型控制单元（MCU）。

2. 仿生蜻蜓飞行机器人

仿生蜻蜓飞行机器人是由德国著名的费斯托公司研制的，其体长44 cm，

翼展可达到 63 cm，体重为 175 g，外形如图 1-36 所示。

与真实蜻蜓相似之处在于这个
机器人能够像蜻蜓一样敏捷飞行。
它能够向任何方向飞行，并执行最
为复杂的飞行策略。该机器人采用
四翼碳纤维折叠翅膀，每秒可拍打
20 次，空中飞行状态犹如在水中游
动。该机器人配置的控制系统能够
独立地控制其每个翅膀，从而确保
飞行机器人可以瞬态减速和突然转

图 1-36 仿生蜻蜓飞行机器人

向，还可以在极短时间内加速，甚至逆向飞行。法国费斯托公司的海因里希 -
弗隆特泽克博士说："其独特飞行功能是由于它的轻型结构和整合功能实现的，
传感器、制动器、机械零件都紧凑装配在开放体系和闭合环路控制系统中，虽
然许多器件都安装在一个非常紧凑的空间中，但是它们能够彼此精确匹配[37]。
这意味着它是能够模拟直升机、有翼飞行器和滑翔机的任何飞行状态的首个机
械模型。"

这款仿生蜻蜓飞行机器人结构十分复杂，具有较高水平的整合系统，却易
于通过智能手机进行控制。这款飞行机器人的翅膀由 9 个伺服电动机操控，每
个翅膀能够旋转 90°，便于控制冲角使其能够向前、向后和侧向飞行，具备了
很高的飞行技巧。

1.8 活灵活现的机器龟

这个萌萌的机器人（见图 1-37）是做什么的？你绞尽脑汁也未必能想
到，它就是用来在沙滩上作画（见图 1-38）的仿龟机器人。

图 1-37 沙滩作画仿龟机器人

图 1-38 机器人的画作

这个能在沙滩上作画的仿龟机器人名叫 Beachbot，是由迪士尼和苏黎世联邦理工学院共同研发的一款轮式机器人[38]。它身长 60 cm，宽和高都是 40 cm，外形像一枚圆滚滚超可爱款的海龟。Beachbot 拥有一组巨大、柔软的轮子，称为"气球轮"。这种轮子可以在沙滩上行走而不留下任何痕迹，还可以避免破坏已经绘画成型的部分。Beachbot 身后装有 13 个独立的耙子，通过耙子在沙滩上作画。从外观看起来，Beachbot 就像是一只巨大的海龟，而且是一只神奇的海龟。它拥有无线数据、惯性测量和激光扫描单元，通过周围的标杆定位，采用激光测距进行作图。将原画输入 Beachbot 之后，它可以自动分析图案线条，规划行进的路线，如图 1 - 39 所示。

图 1 - 39　仿龟机器人正在进行作画

我国西北工业大学的科研人员丁浩从仿生学的角度出发，研制了一种单自由度扑翼推进水下航行器，如图 1 - 40 所示[39]。

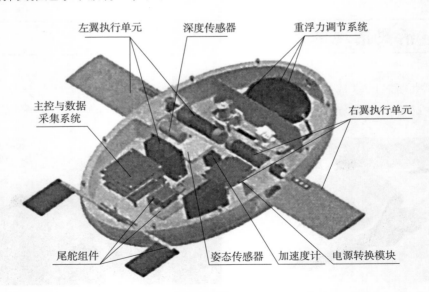

图 1 - 40　单自由度扑翼推进水下航行器

该扑翼推进水下航行器外形布局采用了三轴扁平椭球体形式，总体布局为左右、上下对称，位于航行器两侧的扑翼推进器为样机提供运动的动力，协调两个推进器的运动参数就可以实现样机在空间的六自由度运动；尾部布置的水平舵机用于调节样机的航行姿态；重浮力调节系统用于辅助样机在纵平面内的升沉运动；内部搭载的加速度计、深度传感器、电子罗盘等用于监测航行器的运动状态，与主控系统相连有助于实现样机的闭环控制。扑翼推进水下航行器试验样机在水中要实现自主航行，必须搭载扑翼推进装置及相应的控制系统软硬件、供电系统及感知系统等，总体结构包括以下几个部分。

（1）壳体，包括上壳体和下壳体；

（2）左、右翼推进执行系统，包括电机、电机驱动器、编码器、减速器和翼板等；

（3）主控与数据采集处理系统，包括采样模块和扩展模块等；

（4）尾舵组件，包括舵机、舵机控制器、舵板等；

（5）重浮力调节系统，包括水泵、电磁阀及水囊等；

（6）感知装置，包括深度传感器、姿态传感器、加速度计等；

（7）供电系统，包括电源及电源转换模块；

（8）附件，包括安装板、密封垫片、气密检查孔盖及吸排水孔盖等。

各部分采用模块化设计，可靠性强，拆卸方便，便于扩展和优化。试验样机总体布局及内部结构，如图 1－41 所示。

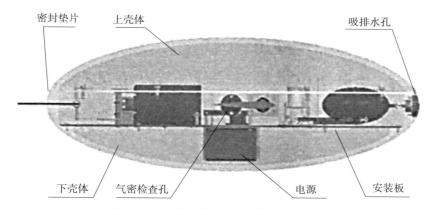

图 1－41　试验样机总体布局及内部结构

我国华中科技大学陈学东等人以两栖仿龟机器人为研究对象，运用仿生学设计思想，对两栖仿龟机器人多介质环境下运动机理与仿生机构综合等问题进行了深入研究和系统探测[40]。在生物龟运动机理的研究基础上，充分吸收多足动物生命特征和控制行为的研究成果，建立了爬行类足机构运动学和动力学模型；设计实现了陆、水介质环境下的不同运动功能；提出了一种混合密封方法，将整体密封与局部密封相结合，解决水下密封难题；将多足动物的行为控制引入机器人控制体系，设计了仿龟机器人水陆不同介质环境下的多种运动步态，使得该机器人具有下述优点。

（1）仿龟机器人在不增减构件的前提下，通过结构变换即可实现机器人在陆、水不同介质环境下的运动模式切换，运动功能十分丰富。

（2）多种运动步态，如陆地直行、转向、越障，水面浮游，水中前进、转向、上浮下潜，水底行走，水陆过渡步态等功能与创新。

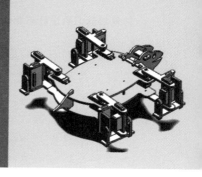

第 **2** 章
仿龟机器人的组成

2.1 仿龟机器人的系统组成概述

机器人通常由三大部分 6 个子系统组成，如图 2－1 所示。其中，三大部分是指机械部分、传感部分和控制部分；6 个子系统是指结构子系统、驱动子系统、感知子系统、控制子系统、通信子系统、人机子系统。具体来说，结构子系统是机器人的骨架，其他子系统必须依附、固定在结构子系统上面才能正常发挥其功能与作用[41]。驱动子系统是机器人的动力源泉，要使机器人运动起来，需要为机器人的各个自由度设置驱动和传动环节，这就是驱动子

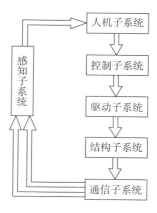

图 2－1　机器人系统组成

系统的功能所在。驱动子系统可以是液压驱动与传动、气压驱动与传动、电力驱动与传动，或者是它们融合起来应用的综合系统[42]。另外，它们既可以是直接驱动的，也可以是通过带传动、齿轮传动等其他机构进行的间接传动。感知子系统是机器人的"电五官"，负责了解机器人内外部的实时信息，为机器人进行精确控制提供依据。控制子系统是机器人的神经中枢，它根据机器人的作业指令程序以及传感器反馈回来的信号支配机器人的执行系统去完成规定的运动和功能。通信子系统负责在机器人的控制端和作业端架起联系的桥梁[43]。人机子系统负责操作者与机器人之间通过相互理解的交流与通信，在最大程度上为操作者完成机器人的信息管理、服务和处理等功能，使机器人高质量、高效率地完成人们赋予它的任务。

本章主要指导青少年学生完成仿龟机器人的三维建模和结构组装。在仿龟机器人设计时，为了保证能实现其基本的运动性能，驱动子系统的大部分器件需要外购，而非自己设计与制作。所以，需要先行选定仿龟机器人关节的动力来源，再依据动力器件的具体形状与尺寸进行仿龟机器人的整体设计。本章具体的内容安排如下：首先，了解仿龟机器人主要的动力源，以及各类动力源的主要参数和性能特征，并根据仿龟机器人的设计需要选择合适的动力源；其次，介绍了仿龟机器人的通信系统；最后，介绍了常用的电气驱动器件及其使用方法。

2.2 仿龟机器人的能量源

乌龟在运动过程中，肌肉、肌腱、韧带会为它的活动提供驱动力；要想让仿龟机器人运动起来，也必须向其关节或运动部位提供所需的驱动力或驱动扭矩[44]。能够提供机器人所需驱动力或驱动扭矩的器件多种多样，有液压驱动、气压驱动、直流电机驱动、步进电机驱动、直线电机驱动，以及其他驱动形式。在上述各种驱动形式中，直流电机驱动、步进电机驱动、直线电机驱动均属于电气驱动。相比而言，电气驱动的运动精度好、驱动效率高、操作简单、易于控制，加上成本低、无污染，因而在机器人技术领域得到了广泛应用。人们可以利用各种电机产生的驱动力或驱动扭矩直接或经过减速机构驱动机器人的关节，获得所要求的位置、速度或加速度[45]。因此，为机器人系统配置合理、可靠、高效的电气驱动系统是让机器人具有良好运动性能的重要条件。

2.2.1 电源系统的组成及工作原理

1. 电源系统组成

电源系统是机器人必不可少的组成部分，一款机器人即使它设计得再精巧、功能安排得再复杂、性能表现得再优异，如果没有电源的驱动，机器人也无法动弹半分。由于仿龟机器人要求能在复杂地形条件下工作，采用拖缆方式进行有线供电显然是不行的。因此，必须通过使用电池进行无拖缆供电。还要看到的是，仿龟机器人体积较大、重量也较重，整个动力不够充沛、系统负载不够强大。因此，在满足续航时间要求的前提下，还要使电源系统尽可能实现轻量化、小型化、节能化，以便尽可能多地为机器人提供动力。

常见的小型机器人的电源系统主要由电池、输入保护电路、控制器稳压电路、通道开关、稳压输出等模块组成，如图 2-2 所示[46]。

2. 电源系统的工作机理

机器人中的一些核心器件，如控制器和舵机等，都需要稳定的供电才能保障其正常运行。有些高级的机器人可能需要几组不同的电压。例如，驱动电机需要用12 V 的电压、2～4 A 的电流；而电路板却需要用5 V 或 -5 V 的电压。对于这些需要不同电压和电流进行供电的场合，人们可以采用

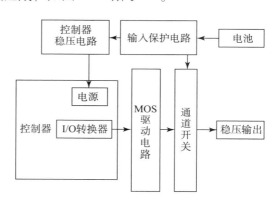

图 2-2 小型机器人电源系统组成示意图

几种不同的方法来获得多组电压，其中最简单和最直接的方法就是用几个电池组进行有区别的供电。例如，电机可以采用大容量的铅酸电池供电，电路则可以采用小容量的镍镉电池供电。这种方法对装有大电流驱动电机的机器人是最为适宜的，因为电机工作时会产生电噪声，通过电源线串到电路，会对电路产生干扰。另外，由于电机启动时几乎吸收了电源的全部电流，会造成电路板供电电压下降，导致电路损坏或单片机程序丢失。因此，用分开电源供电则可避免这些现象（电机产生的另一种干扰是电火花，会造成射频干扰）。还有一种获得多组电压的方法，它是用主电源通过稳压输出多组电压，供不同部件使用，这种方法称为直流-直流（DC-DC）变换，可以用专用电路或集成电路（IC）实现不同的电压输出。例如，12 V 电池可以通过稳压电路输出 12 V 以下的各种电压，其中 12 V 的电压可以直接驱动电机，而 5 V 的电压则可供给电路板。

当电源模块输入反接或者输入电压过高时将会烧毁大部分器件，因此在电

源入口处设置了输入保护电路，保护以控制器为主的电子元器件[47]。

2.2.2 电源系统的主要作用

人需要依靠进食来补充消耗掉的能量，同样机器人因运动消耗能量，也需要经常补充能量，电源系统就是机器人的能量来源。实际上，现实中的机器人与科幻作品中的机器人是完全不同的。科幻作品中的机器人似乎总有使不完的力气，它们采用核动力或者太阳能电池，充满电后，很长时间才会消耗掉。其实，受核技术的现实水准的限制，人们还无法为机器人配备合适的核动力系统；目前各种太阳能电池也无法为机器人的运动系统提供足够的动力。此外，太阳能电池也没有存储电能的能力。因此，目前大部分内置电源的实用型机器人都是由电池供电的。电源系统是机器人的有机组成部分，与主板、电机，以及计算机控制单元同等重要。对机器人来说，电源就是其生命的源泉，没有电源，机器人功能俱失，等同于一堆"破铜烂铁"。所以，为仿龟机器人配置合适的电池也是十分重要的，这就需要对电池进行比较深入和比较系统的了解。

2.3 各式各样的电池

2.3.1 锂离子电池

1. 锂离子电池简介

锂离子电池（Li – ion Batteries）是一种可充电电池（见图 2 – 3）。与其他类型电池相比，锂离子电池有非常低的自放电率、低维护性和相对较短的充电时间，还有重量轻、容量大、无记忆效应、不含有毒物质等优点。常见的锂离子电池主要是锂－亚硫酸氯电池。这种电池的优点很多，例如，单元标称电压为 3.6 ~ 3.7 V，在常温中以等电流密度放电时，其放电曲线极为平坦，整个放电过程中电压十分平稳，这对众多用电产品来说是极为宝贵的。另外，在 －40℃ 的情况下，锂离子电池的电容量还可以维持在常温容量的 50% 左

图 2 – 3　锂离子电池

右，具有极为优良的低温操作性能，远超镍氢电池[48]。另外，加上其年自放

电率为 2% 左右，一次充电后储存寿命可长达 10 年，并且充放电次数可达 500 次以上，这使得锂离子电池获得人们的青睐。尽管锂离子电池的价格相对来说比较昂贵，但与镍氢电池相比，锂离子电池的重量比镍氢电池轻 30%～40%，能量比却高出 60%。正因为如此，锂离子电池生产量和销售量都已超过镍氢电池，目前已在数码娱乐产品、通信产品、航模产品等领域拥有了广阔的"用武之地"。

1）发展过程

1970 年，美国埃克森公司的 M. S. Whittingham 采用硫化钛作为正极材料，金属锂作为负极材料，制成首个锂电池。电池组装完成后即有电压，不需充电。锂离子电池是由锂电池发展而来的。例如，以前照相机里用的纽扣电池就属于锂电池[49]。这种电池也可以充电，但循环性能不好，在充、放电循环过程中容易形成锂结晶，造成电池内部短路，所以一般情况下这种电池是禁止充电的。

1982 年，美国伊利诺伊理工大学的 R. R. Agarwal 和 J. R. Selman 发现锂离子具有嵌入石墨的特性，此过程是快速且可逆的。由于当时采用金属锂制成的锂电池，其安全隐患备受关注，因此人们尝试利用锂离子嵌入石墨的特性制作充电电池[50]。首个可用的锂离子石墨电极由美国贝尔实验室试制成功。

1983 年，M. Thackeray、J. Goodenough 等人发现锰尖晶石是优良的正极材料，具有低价、稳定和优良的导电、导锂性能，其分解温度高，且氧化性远低于钴酸锂，即使出现短路和过充电现象，也能够避免燃烧和爆炸的危险[51]。

1989 年，A. Manthiram 和 J. Goodenough 发现采用聚合阴离子的正极将产生更高的电压。

1990 年，日本索尼公司发明了以碳材料为负极，含锂化合物作为正极的锂电池，在充、放电过程中，没有金属锂存在，只有锂离子，这就是锂离子电池[52]。随后，锂离子电池给消费电子产品带来了巨大变革。此类以钴酸锂作为正极材料的电池，至今仍是便携式电子器件的主要电源。

1996 年，Padhi 和 Goodenough 等人发现具有橄榄石结构的磷酸盐。例如，磷酸铁锂（$LiFePO_4$），比传统的正极材料更具安全性，尤其耐高温、耐过充电性能远超传统锂离子电池材料。

纵观电池发展的历史可以看出，当今世界电池工业发展的三个特点，一是绿色环保电池迅猛发展，包括锂离子蓄电池、氢镍电池等；二是一次电池向蓄电池转化，这符合可持续发展战略；三是电池进一步向小、轻、薄方向发展[53]。在商品化的可充电电池中，锂离子电池的比能量最高，特别是聚合物锂离子电池，可以实现可充电池的薄形化。锂离子可反复充电且无污染，具备目前电池工业发展的三大特点，因此在发达国家中得到了较快增长。随着电信、信息市场的发展，特别是移动电话和笔记本电脑的大量使用，给锂离子电池带来了巨大的市场机遇。而锂离子电池中的锂聚合物电池以其在安全性上的独特优势，将逐步取代液体电解质锂离子电池，成为锂离子电池的主流。所以，聚合物锂离子电池被誉为"21世纪的电池"，将开辟蓄电池的新时代，发展前景十分可观。

2015年3月，日本夏普公司与京都大学田中功教授联合，成功研发出了使用寿命可达70年之久的锂离子电池。此次试制出的长寿锂离子电池，体积为8 cm³，充、放电次数可达2.5万次。夏普公司表示，该长寿锂离子电池实际充放电1万次之后，其性能依旧十分稳定[54]。

2）组成部分

①正极。活性物质一般为锰酸锂、钴酸锂、镍钴锰酸锂材料，电动自行车电池的正极普遍用镍钴锰酸锂（俗称三元）或者三元 + 少量锰酸锂作材料，纯的锰酸锂和磷酸铁锂则由于体积大、性能不好或成本高而逐渐淡出。导电极流体使用厚度10 ~ 20 μm的电解铝箔。

②隔膜。它是一种经特殊成型的高分子薄膜，其上有微孔结构，可以让锂离子自由通过，而电子却不能通过。

③负极。活性物质为石墨，或近似石墨结构的碳，导电极流体使用厚度7 ~ 15 μm的电解铜箔。

④有机电解液。它是溶解有六氟磷酸锂的碳酸酯类溶剂，聚合物锂离子电池则使用凝胶状电解液。

⑤电池外壳。分为钢壳（方形很少使用）、铝壳、镀镍铁壳（圆柱电池使用）、铝塑膜（软包装）等，还有电池的盖帽，也是电池的正负极引出端。

3）主要种类

根据锂离子电池所用电解质材料的不同，锂离子电池分为液态锂离子电池和锂聚合物电池两类[55]。可充电锂离子电池是目前智能手机、笔记本电脑等现代数码产品中应用最广泛的电池，但它比较"娇气"，在使用中不可过充或过放，否则会损坏电池。因此，在电池上装有保护元器件或保护电路以防止电池受损。锂离子电池充电的要求很高，要保证终止电压精度在 ±1% 之内，许多大半导体器件公司已经开发出多种锂离子电池充电的IC，以保证安全、可靠、快速地充电。

手机基本上都使用锂离子电池。正确使用锂离子电池对延长其寿命十分重要。锂离子电池根据不同电子产品的要求可以做成扁平长方形、圆柱形及纽扣式，并且由几个电池串联或并联在一起组成的电池组。锂离子电池的额定电压一般为3.7 V，磷酸铁锂为正极的则为3.2 V。充满电时的终止充电电压一般电池是4.2 V，磷酸铁锂的则为3.65 V。锂离子电池的终止放电电压为2.75 ~

3.0 V（电池厂给出工作电压范围或给出终止放电电压，各种参数略有不同，一般为 3.0 V，磷酸铁锂的为 2.5 V）。低于 2.5 V（磷酸铁锂为 2.0 V）继续放电称为过放，过放对电池会产生损害。

钴酸锂类型材料作为正极的锂离子电池不适合用作大电流放电，过大电流放电时会降低放电时间（内部会产生较高的温度而损耗能量），并且可能发生危险。但是，磷酸铁锂正极材料的锂电池可以以 20C（C 为电池的容量）、甚至更大的大电流进行充放电，特别适合电动车使用。因此，电池生产工厂给出了最大放电电流，但是，在使用中应小于最大放电电流。锂离子电池对温度有一定要求，工厂给出了充电温度范围、放电温度范围及保存温度范围，过压充电会造成锂离子电池永久性损坏。锂离子电池充电电流应根据电池生产厂的建议，并且要求有限流电路以免发生过流（过热）。在大电流充电时往往要检测电池温度，以防止过热损坏电池或产生爆炸。

4）工作效率

锂离子电池能量密度大、平均输出电压高、自放电小。好的锂离子电池，每月自放电在 2% 以下（可恢复），没有记忆效应。工作温度范围 −20℃ ~ 60℃。循环性能十分优越，可快速充放电，充电效率高达 100%，而且输出功率大，使用寿命长，不含有毒有害物质，故被称为绿色电池。

5）制作工艺

锂离子电池制作工艺一般有以下几种。

①制浆。用专门的溶剂和黏结剂分别与粉末状的正、负极活性物质混合，经搅拌均匀后制成浆状的正、负极物质[56]。

②涂膜。通过自动涂布机将正、负极浆料分别均匀地涂覆在金属箔表面，经自动烘干后自动剪切制成正、负极极片。

③装配。按正极片—隔膜—负极片—隔膜自上而下的顺序经卷绕注入电解液、封口、正、负极耳焊接等工艺过程，即完成锂离子电池的装配过程，制成成品锂离子电池。

④化成。将成品锂离子电池放置在测试柜进行充、放电测试，筛选出合格的成品锂离子电池，等待出厂。

6）锂离子电池的保存

锂离子电池的自放电率很低，可保存 3 年以上，而且大部分容量可以恢复。若在冷藏条件下保存，效果会更好。所以，将锂离子电池存放在低温地方不失是一个好方法。

如果锂离子电池的电压在 3.6 V 以下而需要长时间保存，将会导致电池过放电而破坏电池的内部结构，减少电池的使用寿命。因此，长期保存的锂离子电池应当每 3~6 个月补电一次，即充电到电压为 3.8~3.9 V（其最佳储存电压为 3.85 V 左右）为宜，但不宜充满。

锂离子电池的应用温度范围很广，在冬天的北方室外仍可使用，但容量会降低很多，如果回到室温条件下，容量又可以恢复。

7）新发展

（1）聚合物锂离子电池。聚合物锂离子电池是在液态锂离子电池基础上发展起来的，以导电材料为正极，碳材料为负极，电解质采用固态或凝胶态有机导电膜组成，并采用铝塑膜做外包装的最新一代可充电锂离子电池[57]。由于性能更加稳定，因此它也被视为液态锂离子电池的更新换代产品。目前，国内外很多电池生产企业都在开发这种新型电池。

（2）动力锂离子电池。动力锂离子电池是指容量在 3 Ah 以上的锂离子电池，泛指能够通过放电给设备、器械、模型、车辆等驱动力的锂离子电池。由于使用对象的不同，电池的容量可能达不到安时的单位级别。动力锂离子电池分高容量和高功率两种类型。高容量电池可用于电动工具、自行车、滑板车、矿灯、医疗器械等；高功率电池主要用于混合动力汽车及其他需要大电流充放电的场合。根据内部材料的不同，动力锂离子电池相应地分为液态动力锂离子电池和聚合物锂离子动力电池两种，统称为动力锂离子电池。

（3）高性能锂离子电池。为了突破传统锂电池的储电瓶颈，人们研制出一种能在很小的储电单元内储存更多电力的全新铁碳储电材料。但是，此前这种材料充电周期不稳定，在电池多次充、放电后储电能力明显下降，限制了其应用。为此，人们改用了一种新的合成方法，用几种原始材料与一种锂盐混合并加热，由此生成了一种带有含碳纳米管的全新纳米结构材料。这种方法在纳米尺度材料上一举创建了储电单元和导电电路。这种稳定的铁碳材料的储电能力已达到现有储电材料的 2 倍，而且生产工艺简单，成本较低，而其高性能可以保持很长时间。领导这项研究的马克西米利安·菲希特纳博士说，如果能够充分开发这种新材料的潜力，将来可以使锂离子电池的储电密度提高 5 倍。

2. 锂离子电池的工作原理

锂离子电池以碳素材料作为负极，以含锂化合物作正极。由于在电池中没有金属锂存在，只有锂离子存在，故称为锂离子电池。锂离子电池是指以锂离子嵌入化合物为正极材料电池的总称，锂离子电池的充放电过程就是锂离子的嵌入和脱嵌过程[58]。在锂离子的嵌入和脱嵌过程中，同时伴随着与锂离子等当量电子的嵌入和脱嵌（习惯上正极用嵌入或脱嵌表示，而负极用插入或脱插表示）。在充、放电过程中，锂离子在正、负极之间往返嵌入/脱嵌和插入/脱插，所以形象地称为"摇椅电池"。

当对锂离子电池进行充电时，电池的正极上有锂离子生成，生成的锂离子经过电解液运动到负极。而作为负极的碳素材料呈层状结构，内部有很多微孔，到达负极的锂离子就嵌入到碳层的微孔中。嵌入的锂离子越多，充电容量就越高。同样，当对电池进行放电时（人们使用电池的过程），嵌在负极碳层中的锂离子脱出，又运动回正极。回到正极的锂离子越多，放电容量就越高。

一般锂离子电池充电，电流越大，充电越快，同时电池发热也越大。而且采用过大的电流来充电，容量不容易充满，这是因为电池内部的电化学反应需要时间，就与人们倒啤酒一样，倒得太快容易产生泡沫，盈满酒杯，反而不容易倒满啤酒。

锂离子电池由日本索尼公司于 1990 年最先开发成功，它把锂离子嵌入碳（石油焦炭和石墨）中形成负极（传统锂电池用锂或锂合金作负极），正极材料常用 Li_xCoO_2，也有用 Li_xNiO_2 和 Li_xMnO_4 的，电解液用 $LiPF_6$ + 二乙烯碳酸酯（EC）+ 二甲基碳酸酯 （DMC）[59]。

石油焦炭和石墨作负极材料无毒，而且资源充足。锂离子嵌入碳中，克服了锂的高活性，解决了传统锂电池存在的安全问题。正极 Li_xCoO_2 在充、放电性能和寿命上均能达到较高水平，同时还使成本有所降低，总之锂离子电池的综合性能提高了[60]。

3. 锂离子电池的使用特点

对电池来说，正常使用就是放电的过程。锂离子电池放电需要注意几点：

（1）放电电流不能过大。过大的电流会导致电池内部发热，可能造成永久性损害。从图 2-4 可以看出，电池放电电流越大，放电容量就越小，电压下降也更快。

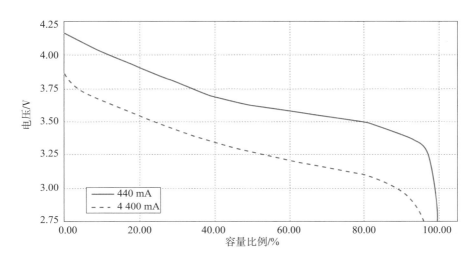

图 2-4　放电电流和放电容量对比

（2）绝对不能过度放电。锂离子电池存储电能是靠一种可逆的电化学变化实现的，过度放电会导致这种电化学变化发生不可逆反应，因此锂离子电池最怕过度放电。一旦放电电压低于 2.7 V，将可能导致电池报废。不过一般电池的内部都安装了保护电路，电压还没低到损坏电池的程度，保护电路就会起作用，停止放电。

4. 锂离子电池的充、放电特性

1）锂离子电池的放电

（1）锂离子电池的终止放电电压。锂离子电池的额定电压为 3.6 V（有的产品为 3.7 V），终止放电电压为 2.5 ~ 2.75 V（电池生产厂给出工作电压范围或给出终止放电电压，各参数略有不同）。电池的终止放电电压不应小于 2.5 V × n（n 为串联的电池数），低于终止放电电压后还继续放电称之为过放，过放会使电池的寿命缩短，严重时会导致电池失效[61]。电池不用时，应将电池充电到保有 20% 的电容量，再进行防潮包装保存，3 ~ 6 个月检测电压一次，并进行充电，保证电池电压在安全电压值（3 V 以上）的范围内[62]。

（2）放电电流。锂离子电池不适合用作大电流放电，过大电流放电时其内部会产生较高的温度，从而损耗能量，减少放电时间[63]。若电池中无保护元件还会因过热而损坏电池。因此，电池生产厂给出了最大放电电流，在使用中不能超过产品特性表中给出的最大放电电流。

（3）放电温度。锂离子电池在不同温度下的放电曲线是不同的。在不同温度下，锂离子电池的放电电压及放电时间也不同，电池应在 −20 ~ 60℃ 温度范围内进行放电（工作）。

2）锂离子电池的充电

在使用锂离子电池时须注意，电池放置一段时间后则进入休眠状态，此时其电容量低于正常值，使用时间也随之缩短。但是，锂离子电池很容易激活，只要经过 3 ~ 5 次正常的充、放电循环就可以激活电池，恢复正常容量。由于锂离子电池本身的特性，决定了它几乎没有记忆效应。因此，新锂离子电池在激活过程中，是不需要特别的方法和设备的[64]。

（1）充电设备。对锂离子电池充电应使用专用的锂离子电池充电器。锂离子电池充电采用"恒流/恒压"方式，先恒流充电到接近终止电压时改为恒压充电。

应当注意的是，不能用充镍镉电池的充电器（充 3 节镍镉电池的）充锂离子电池（额定电压均是 3.6 V），但由于充电方式不同，容易造成过充。

（2）充电电压。充满电时的终止充电电压与电池负极材料有关，焦炭为 4.1 V，石墨为 4.2 V，一般称为 4.1 V 锂离子电池及 4.2 V 锂离子电池。在充电时应注意，4.1 V 的电池不能用 4.2 V 的充电器进行充电，否则会有过充的危险（4.1 V 与 4.2 V 的充电器所用的 IC 不同）。锂离子电池对充电的要求很高，它设有精密的充电电路以保证充电的安全。终止充电电压精度允差为额定值的 ±1%（充 4.2 V 的锂离子电池，其允差为 ±0.042 V），过压充电会造成锂离子电池永久性损坏。

（3）充电电流。锂离子电池充电电流应根据电池生产厂的建议确定，并要求有限流电路以免发生过流（过热）。

（4）充电温度。对锂离子电池充电时其环境温度不能超过产品特性表中所列的温度范围。电池应在 0～45℃ 温度范围内进行充电，远离高温（高于 60℃）和低温（低于 -20℃）环境。

锂离子电池在充电或放电过程中若发生过充、过放或过流时，会造成电池的损坏或降低其使用寿命。因此，人们开发出各种保护元件及由保护 IC 组成的保护电路，它安装在电池或电池组中，使电池获得完善的保护[65]。但是，在锂离子电池的使用中应尽可能防止过充电及过放电。例如，小型机器人所用电池在充电过程中，快充满时应及时与充电器进行分离。放电深度浅时，循环寿命会明显提高。因此，在使用时不要等到机器人提示电池电能不足时才去充电，更不要在出现提示信号后还继续使用，尽管出现此信号时还有一部分残余电量可供使用。

2.3.2 锂聚合物电池

1. 锂聚合物电池简介

虽然锂离子电池具有很多优点，但它并非完美无缺。高的能量密度和低的自放电率使它相对其他电池占有一定优势，但是它依然面临一些影响其使用寿命和安全性的问题。

（1）影响锂离子电池性能的是其安全性问题。相对于铅酸蓄电池、镍氢电池等具备较强的抗过充、过放电的能力，锂离子电池在充、放电时容易出现险情。锂离子电池的充电截止电压必须限制在 4.2 V 左右，如果过充，锂离子电池将会过热、漏气甚至发生猛烈的爆炸。另外，锂离子电池具有严格的放电底限电压，通常为 2.5 V。如果低于此电压继续放电，将严重影响电池的容量，甚至对电池造成不可恢复的损坏。因此，在使用锂离子电池组时必须配备专门的过充电、过放电保护电路。

（2）影响锂离子电池性能的是价格。锂离子电池的价格较高，并且需要配备保护电路，因此相同能量的锂离子电池其价格是免维护铅酸蓄电池的 10 倍以上。为了解决这些问题，最近出现了锂聚合物电池（Li - Polymer），如图 2 - 5 所示。锂聚合物电池本质同样是锂离子电池，而所谓锂聚合物电池是其在电解质、电极板等主要构造中至少有一项使用了高分子材料。

图2-5　锂聚合物电池

1）锂聚合物电池的特点

相对于锂离子电池，锂聚合物电池的特点如下：

（1）相对改善了电池漏液问题，但是改善不太彻底。

（2）可制成薄型电池，以3.6 V、250 mAh的容量而言，电池厚度可薄至0.5 mm。

（3）电池可设计成多种形状。

（4）可制成单颗高电压电池。液态电解质的电池仅能以数颗电池串联得到高电压，而锂聚合物电池由于本身无液体，可在单颗内做成多层组合达到高电压。

（5）理论上放电量高出同样大小的锂离子电池约10%。

在锂聚合物电池中，电解质起着隔膜和电解液的双重功能：一方面它可以像隔膜一样隔离开正、负极材料，使电池内部不发生自放电及短路现象；另一方面它又像电解液一样在正、负极之间传导锂离子。聚合物电解质不仅具有良好的导电性，而且还具备高分子材料所特有的重量轻、弹性好、易成膜等特性，也顺应了化学电源重量轻、体积小、安全、高效、环保的发展趋势。

2）锂聚合物电池的安全问题

所有的锂离子电池，无论是以前的，还是当前的，都非常害怕出现内部短路、外部短路、过充这些现象。因为锂的化学性质非常活跃，很容易燃烧，当电池放电或充电时，电池内部会持续升温，活化过程中所产生的气体膨胀，使电池内压加大，压力达到一定程度，如外壳有伤痕，即会破裂，引起漏液、起火，甚至爆炸。

技术人员为了缓解或消除锂离子电池的危险，加入了能抑制锂元素活性的成分（如钴、锰、铁等），但是这些并不能从本质上消除锂离子电池的危险性[66]。

普通锂离子电池在过充、短路等情况发生时，电池内部可能出现升温、正极材料分解、负极和电解液材料被氧化等现象，进而导致气体膨胀和电池内压加大，当压力达到一定程度后就可能出现爆炸[67]。而锂聚合物电池因为采用了胶态电解质，不会因为液体沸腾而产生大量气体，从而杜绝了剧烈爆炸的可能。

目前，国内出产的锂聚合物电池多数是软包电池，采用铝塑膜做外壳，但电解液并没有改变。这种电池同样可以薄型化，其低温放电特性较好，而材料能量密度则与液态锂电池、普通聚合物电池基本一致。由于使用了铝塑膜，比普通液态锂电池更轻。在安全方面，当液体刚沸腾时软包电池的铝塑膜会自然鼓包或破裂，同样不会爆炸。

必须注意的是，新型电池依然可能燃烧或膨胀裂开，安全方面也并非万无一失。所以大家在使用各种锂离子电池的时候，一定要高度警惕，注意安全。

3）锂聚合物电池的构造

锂聚合物电池的结构比较特殊，由五层薄膜组成。第一层用金属箔作集电极，第二层为负极，第三层为固体电解质，第四层用铝箔作为正极，第五层为绝缘层，五层叠起来的总厚度为 0.1 mm。为了防止电池瞬间输出大电流时而引起过热，锂聚合物电池有一个严格的热管理系统，控制电池的正常工作温度[68]。锂聚合物电池主要优点是消除了液体电解质，可以避免在电池出现故障时，电解质溢出而造成的污染。

2. 锂聚合物电池的工作原理

在电池的三要素——正极、负极与电解质中，锂聚合物电池至少有一个或一个以上的要素是采用高分子材料制成的。在锂聚合物电池中，高分子材料大多数应用在正极和电解质上。正极采用导电高分子聚合物或一般锂离子电池使用的无机化合物，负极采用锂金属或锂碳层间化合物，电解质采用固态或者胶态高分子电解质，或者是有机电解液，因而比能量较高。例如，锂聚苯胺电池的比能量可达 350 Wh/kg，但比功率只有 50 ~ 60 W/kg。由于锂聚合物中没有多余的电解液，因此它更可靠和更稳定。

目前，常见的液体锂离子电池在过度充电的情形下，容易造成安全阀破裂因而起火爆炸，这是非常危险的。所以，必须加装保护电路以确保电池不会发生过度充电的情形。而高分子锂聚合物电池相对液体锂离子电池而言具有较好的耐充放电特性，对外加保护 IC 线路方面的要求可以适当放宽。此外，在充电方面，锂聚合物电池可以利用 IC 定电流充电，与锂离子电池所采用的"恒流 – 恒压"充电方式比较起来，可以缩短充电等待的时间。

新一代的锂聚合物电池在聚合物化的程度上做得非常出色，所以形状上可以做到很薄（最薄为 0.5 mm），还可以实现任意面积化和任意形状化，大大提高了电池造型设计的灵活性，从而可以配合产品需求，做成任何形状与容量的电池。同时，锂聚合物电池的单位能量比目前的一般锂离子电池提高了50%，其容量、充、放电特性、安全性、工作温度范围、循环寿命与环保性能都比锂离子电池有了大幅度的提高，得到人们的青睐。

3. 锂聚合物电池的使用特点

（1）锂聚合物电池需配置相应的保护电路板[69]。它具有过充电保护、过放电保护、过流（或过热）保护及正负极短路保护等功能；同时在电池组中还有均流及均压功能，以确保电池使用的安全性。

（2）锂聚合物电池需配置相应的充电器，保证充电电压在$4.2\ V\pm0.05\ V$的范围内。切勿随便使用一个锂电池充电器来对其充电。

（3）切勿深度放电（放电到$2.75\ V$），放电深度浅时可提高电池的寿命（它没有记忆效应），采用浅度放电（放电到3V）较为合适。

（4）不能与其他种类电池或不同型号的锂聚合物电池混用。

（5）不能挤压、折弯电池，否则会对其造成损坏。

（6）不要放在加热器及火源附近，否则会损坏电池。

（7）长期不用时应定期充电，使电压保持在$3.0V$以上。

（8）注意不同的放电倍率与放电容量大小有关，其相互关系如表2-1所列。

表2-1　锂聚合物电池放电倍率与放电容量的关系

放电倍率	1C	2C	5C	10C	12C
放电容量比/%	99	98	95	90	70

4. 锂聚合物电池的充放电特性

通常认为，锂聚合物电池在贮存状态下的带电量以40%~60%之间最为合适。当然很难时时做到这一点。闲置的锂聚合物电池也会受到自放电的困扰，长久的自放电会造成电池过放。因此，应针对自放电现象做好两手准备：一是定期充电，使其电压维持在$3.6\sim3.9\ V$之间，锂聚合物电池因为没有记忆效应可以随时充电；二是确保放电终止电压不被突破，如果在使用过程中出现了电量不足的警报，应果断停用相应设备。

1）放电

（1）环境温度。放电是锂聚合物电池的工作状态，此时的温度要求为$-20℃\sim60℃$。

（2）放电终止电压。目前普遍的标准是$2.75\ V$，有的可设置为3 V。

（3）放电电流。锂聚合物电池也有大电流、大容量等类型，可以进行大功率放电的锂聚合物电池其电流应控制在产品规格书的范围以内。

2）充电

锂聚合物电池充电器的工作特性应符合锂电池充电三阶段的特点，即能够实现预充电、恒流充电和恒压充电三个阶段的充电要求。因此，原装充电器是上上之选。

（1）环境温度。锂聚合物电池充电时的环境温度应控制在 0 ~ 40℃ 范围内。

（2）充电截止电压。锂聚合物电池的充电截止电压为 4.2 V，即使是多个电池芯串联组合充电，也要采用平衡充电方式，保证单只电芯的电压不会超过 4.2 V。

（3）充电电流。锂聚合物电池在非急用情况下可用 0.2C 充电，一般不能超过 1C 充电。

2.3.3 镍氢电池

1. 镍氢电池简介

镍氢电池（见图 2－6）是早期镍镉电池的替代产品。由于不再使用有毒的重金属——镉，镍氢电池可以消除重金属元素给环境带来的污染问题[70]。镍氢电池使用氧化镍作为阳极，使用吸收了氢的金属合金作为阴极，这种金属合金可吸收高达本身体积 100 倍的氢，储存能力极强。另外，镍氢电池具有与镍镉电池相同的 1.2 V 电压，加上自身的放电特性，可在 1 h 内再充电。由于内阻较低，一般可进行 500 次以上的充放电循环。镍氢电池具有较大的能量密度比，这意味着人们可以在不增加设备额外重量的情况下，使用镍氢电池代替镍镉电池来有效延长设备的工作时间。镍氢电池在电学特性方面与镍镉电池亦基本相似，在实际应用时完全可以替代

图 2－6　镍氢电池

镍镉电池，而不需要对设备进行任何改造。镍氢电池另外一个值得称道的优点是它大大减小了镍镉电池中存在的"记忆效应"，这使镍氢电池可以更加方便地使用。

镍氢电池可分为低压镍氢电池和高压镍氢电池两种。

1）低压镍氢电池的特点

（1）电池电压为 1.2 ~ 1.3 V，与镍镉电池相当；

（2）能量密度高，是镍镉电池的 1.5 倍以上；

（3）可快速充、放电，低温性能良好；

（4）可密封，耐过充电、过放电能力强；

（5）无树枝状晶体生成，可防止电池内短路；

（6）安全可靠，对环境无污染，无记忆效应。

2）高压镍氢电池的特点

（1）可靠性强，具有较好的过放电、过充电保护功能，可耐较高的充放电率并且无树枝状晶体形成。具有良好的比能量特性，其质量比容量为 60 Ah/kg，是镍镉电池的 5 倍。

（2）循环寿命长，可达数千次之多。

（3）全密封，维护少。

（4）低温性能优良，在 $-10℃$ 时，容量没有明显改变。

由于化石燃料在人类大规模开发利用的情况下变得越来越少，近年来，氢能源的开发利用日益受到重视。镍氢电池作为氢能源应用的一个重要方向得到人们的青睐。虽然镍氢电池确实是一种性能良好的蓄电池，但航天用镍氢电池是高压镍氢电池（氢压可达 3.92 MPa，40 kg/cm²），高压力氢气储存在薄壁容器内使用存在爆炸的风险，而且镍氢电池还需要贵金属做催化剂，使它的成本变得昂贵起来，在民用市场难以推广。因此，国外自 20 世纪 70 年代开始就一直在研究民用的低压镍氢电池。

需要注意的是，镍氢电池的大电流放电能力不如铅酸蓄电池和镍镉电池，尤其是电池组串联较多时更是如此。例如，由 20 个镍氢电池串联起来使用，其放电能力被限制在 2～3C 范围内。

2. 镍氢电池的工作原理

镍氢电池采用与镍镉电池相同的镍氧化物作正极，采用储氢金属合金作负极，碱液（主要为 KOH）作电解质，其内部结构如图 2 - 7 所示[71]。

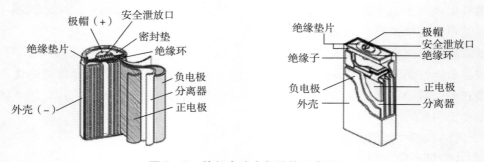

图 2 - 7　镍氢电池内部结构示意图

在镍氢电池中，活性物质构成电极极片的工艺方式主要有烧结式、拉浆式、泡沫镍式、纤维镍式及嵌渗式等，不同工艺制备的电极在容量、大电流放电性能上存在较大差异[72]。

3. 镍氢电池的使用特点

（1）一般情况下，新的镍氢电池只含有少量的电量，购买后要先进行充电，然后使用[74]。如果电池出厂时间较短，电量充足，则可以先使用然后再充电。新买的镍氢电池一般要经过 3～4 次的充电和使用，性能才能发挥到最佳状态。

（2）虽然镍氢电池的记忆效应小，但尽量每次使用完以后再充电，并且尽量一次性充满，不要充一会儿用一会儿，然后再充电。电池充电时，要注意充电器周围的散热情况。为了避免电量流失等问题发生，保持电池两端的接触点和电池盖子的内部干净，必要时使用柔软、清洁的干布擦拭。

（3）长时间不用时应把电池从电池仓中取出，置于干燥的环境中（推荐放入专用电池盒中，可以避免电池短路）。长期不用的镍氢电池会在存放几个月后，自然进入一种"休眠"状态，电池寿命会大大降低。如果镍氢电池已经放置了很长时间，应先用慢充方式进行充电。据测试，镍氢电池保存的最佳条件是带电 80% 左右保存。这是因为镍氢电池的自放电较大（一个月在 10%～15%），如果电池完全放电后再保存，很长时间内不使用，电池的自放电现象就会造成电池的过放电，会损坏电池。

（4）尽量不要对镍氢电池进行过放电。过放电会导致充电失败，这样做的危害远远大于镍氢电池本身的记忆效应。一般镍氢电池在充电前，电压为 1.2 V 以下，充满后正常电压为 1.4 V 左右，可由此判断电池的状态。

（5）充电方式可分为快充方式和慢充方式。慢充方式中充电电流小，通常在 200 mA 左右，常见的充电电流为 160 mA。慢充方式充电时间长，充满 1 800 mAh 的镍氢电池要耗费 16 h 左右。时间虽慢，但慢充方式充电会很足，并且不伤电池。快充方式充电电流通常都在 400 mA 以上，充电时间明显减少了很多，3～4 h 即可完成充电。

4. 镍氢电池的充、放电特性

在充电特性方面，镍氢电池与镍镉电池一样，其充电特性受充电电流、温度和充电时间的影响[75]。镍氢电池端电压会随着充电电流的升高和温度的降低而增加；充电效率则会随着充电电流、充电时间和温度的改变而不同。充电电流越大，镍氢电池的端电压上升得越高[76]。

在放电特性方面，镍氢电池以不同速率放电至同一个终止电压时，高速率放电初始过程端电压变化速率最大，中、小速率放电过程端电压变化速率小，放出相同的电量的情况下，高速率放电结束时的电池电压低。与镍镉电池相比，镍氢电池具有更好的过放电能力。当过放电后单格电压达到 1 V，可通过反复的充、放电，单格电压很快会恢复到正常值。

5. 镍氢电池使用时的维护要点

（1）使用过程忌过充电。在循环寿命之内，使用过程切忌过充电，这是因为过充电容易使正、负极发生膨胀，造成活性物脱落和隔膜损坏，导电网络破坏和电池欧姆极化变大等问题。

（2）防止电解液变质。在镍氢电池循环寿命期中，应抑制电池析氢。

（3）如果需要长期保存镍氢电池，应先对其充足电，否则在电池没有储存足够电能的情况下长期保存，将使电池负极储氢合金的功能减弱，并导致电池寿命减短。

（4）镍氢电池和镍镉电池相同，都有"记忆效应"，如果在电池还残存电能的状态下反复充电使用，电池很快就不能再用了。

目前，镍氢电池已经是一种成熟的产品，国际市场上年产镍氢电池的数量约为 7 亿只[77]。日本镍氢电池产业规模和产量一直高居各国前列，在镍氢电池领域也开发和研制了多年。我国制造镍氢电池原材料的稀土金属资源十分丰富，已经探明的稀土储量占世界已经探明总储量的80%以上。目前，国内研制开发的镍氢电池原材料加工技术日趋成熟，相信在不久的未来，我国镍氢电池的产量和质量一定会领先世界。

2.4　让仿龟机器人善沟通

通信系统是用以完成信息传输过程的技术系统的总称，它是当今信息社会的主要支柱，是现代高新技术的重要组成部分，也是国民经济的神经系统和命脉所在[78]。

在机器人中，通信系统也是重要的组成部分之一。没有通信系统，传感器采集的机器人内、外部信息不能送达机载计算机；没有通信系统，机载计算机的控制指令不能送达驱动部分，机器人将无法实现预期的运动。通信系统帮助机器人各个组成部分建立起畅通的信息连接渠道，使机器人各个组成部分能够各司其职。因此，必须认真研究机器人的通信系统，让它充分发挥能动性，使机器人各个部分的沟通顺畅起来。

2.4.1　机器人通信系统简介

1. 机器人通信系统的基本组成

目前，机器人常用的通信模型有"客户/服务器"模型（Client/Server，

C/S 模型）和"点对点"模型（Point – to – Point，P2P 模型）[79]。因此，下面先介绍这两种通信模型。

1）C/S 模型

在采用如图 2 – 8 所示的 C/S 模型的通信系统中，各种进程的通信必须通过中心服务器中转，所有客户进程与中心服务器进程进行双向通信，客户进程间无直接通路，因而不能直接通信。C/S 模型通常

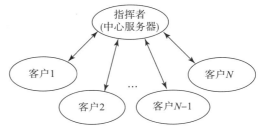

图 2 – 8　C/S 模型结构图

适用于需要集中控制的应用场合，中心服务器了解各个客户机的实际需求，有利于对客户进程进行管理以及实现通信资源的合理分配与适时调度[80]。C/S 模型的优点是结构简单、易于实现，也便于错误诊断及系统维护。缺点是系统的所有数据都必须经过中心服务器中转，导致服务器的工作负荷过大，客户进程间的通信效率降低，所以中心服务器性能和网络带宽有可能成为影响系统性能的瓶颈；另外，中心服务器的错误可能会导致整个系统发生崩溃，因此基于 C/S 模型的通信系统的可靠性较差，难以适应多机器人实时通信系统的要求。

尽管 C/S 模型在可靠性方面存在一定的缺陷，但是在实时应用或系统可靠性有所保障的情况下，C/S 模型仍然是一个很好的选择。在实际应用中，一些基于 C/S 模型的系统已经开发出来，例如，美国卡内基 – 梅隆大学的研究者们开发了适于机器人多任务处理的进程间通信软件包，其最初版本称为 TCA（Task Control Architecture），该软件包正是基于 C/S 模型的，它采用 TCP 开发成功。

2）点对点模型

如上所述，出于对 C/S 模型缺点的考虑，人们提出了 P2P 的通信模型，它是将通信模型由中心结构改变为分布式结构，这样的话，一个通信节点进程的错误不会影响其他的节点进程，有助于提高系统的可靠性。另外，节点间通信不经过中心服务器的转发，而是直接进行通信，提高了通信效率。图 2 – 9 所示为 P2P 通信模型的结构示意图。

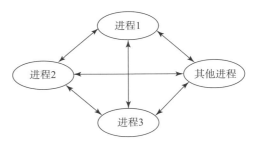

图 2 – 9　P2P 通信模型结构示意图

该通信模型结构类似于网络模型中的全互联模型，适用于计算进程完全对等的系统。这种模型的特点是：两两计算进程间存在着直接通路，可以进行直接通信；系统运行不依赖于模型中的

某个节点，因此系统负载较为均衡、可靠性较好。

然而，P2P 模型并不适于包括控制、调度、管理等任务的应用场合。需要说明的是，分布式问题的求解是多智能体（Agent）机器人系统研究中的重点内容之一。人们通常将需要解决的问题首先分解为若干子问题；然后分别交给各个智能体求解，各个智能体之间相互协作以完成最终问题的求解。因为不同的智能体执行时是分顺序的，而且不同的智能体对资源的要求也不一样。因此，人们希望有一种机制能对系统资源进行可预计的统一分配、管理和调度。如果采用 P2P 模型实现这一机制，由于各个智能体的对等特性，那么每个智能体都要保存自身的状态信息，这无疑增加了本地存储的负担，而且智能体内部状态的任何变化都必须及时通知其他智能体，这样又增加了网络通信的负担。最后，每个智能体都必须处理和调度相关的计算任务，进而增加了系统的负担。这样，P2P 模型所具有的优势就丧失殆尽了，而且系统的可维护性和自诊断都存在一定的困难。

2. 机器人通信系统的工作机理

要想实现机器人与控制器之间的通信，就必须建立起一套完整的通信机制，让中心智能体知道其他智能体的名称、地址、能力及相关状态信息[81]。人们将上述这些信息称为控制相关信息或系统辅助信息，将涉及这些信息的任务称为控制相关任务。这些对机器人通信系统和控制系统的任务协作及运行至关重要。

根据前面介绍的常用通信模型和通信方式，本书拟采用 C/S 模型，设置一个中心控制器处理有关智能体通信和控制的信息。此时，其他智能体只需保存通信控制器的地址，在控制器上设置一个用于存储各智能体相关信息的数据库以及与控制相关的调度机构。每个智能体在启动时将自己的相关信息登记在控制器的数据库中，在运行时根据需要将变化的状态信息更新到数据库里，调度机构根据这些信息产生控制调度的信号对智能体进行调度和控制，并在退出时删除自己的信息；在需要其他智能体信息时则向控制器询问。这样，整个机器人控制系统中只需要保存一份动态智能体信息，并且各个智能体的地址、能力、状态信息等可以按需要改变而不会引起系统的紊乱，便于实现系统的动态扩展。

3. 机器人通信系统的主要作用

通信是机器人之间进行交互、协助和组织的基础。通过通信，多机器人系统中各个机器人能了解其他机器人的意图、目标、动作以及当前环境状态等信息，进而进行有效地磋商，协作完成任务。

一般来说，机器人之间的通信可以分为隐式通信和显式通信两类。隐式通信与显式通信是机器人系统各具特色的两种通信模式，如果将两者各自的优势结合起来，则多机器人系统就可以灵活地应对各种复杂的动态未知环境，完成许多艰巨任务[82]。利用显式通信进行少量机器人之间的上层协作；通过隐式通信进行大量机器人之间的底层协调，在出现隐式通信无法解决的冲突或死锁时，再利用显式通信进行少量的协调工作加以解决。这样的通信结构既可以增强系统的协调能力、合作能力、容错能力，又可以减少通信量，避免出现通信中的"瓶颈"效应。

2.4.2　常用的机器人通信技术

1. 蓝牙无线通信技术

1）蓝牙无线通信的工作原理。

蓝牙（Bluetooth）是一种开放型、低成本、短距离无线连接技术规范的代称，主要用于传送话音和数据[83]。蓝牙技术作为一种便携式电子设备和固定式电子设备之间替代电缆连接的短距离无线通信的标准，具有工作稳定、设备简单、价格便宜、功率较低、对人体危害较小等特点。蓝牙强调的是全球性的统一运作，其工作频率设定在 2.45 GHz 这个为工业生产、科学研究、医疗服务等大众领域都共同开放的频段上，数据传输速率为 1 Mb/s，每个时隙宽度为 625 μs，采用时分双工（TDD）方式和 GFSK（高斯频移键控）调制方式[84]。蓝牙技术支持一个异步数据信道、三个并发的同步话音信道或一个同时传送异步数据和同步话音的信道。每一个话音信道支持 64 kb/s 的同步话音；异步信道支持最大数据传输速率为 57.6 kb/s 的非对称连接，或者是 432.6 kb/s 的对称连接。系统采用跳频技术抵抗信号衰落，使用快跳频和短分组技术减少同频干扰来保证传输的可靠性，并且采用前向纠错（FEC）技术减少远距离传输时的随机噪声影响。

蓝牙网络的基本单元是微微网，它可以同时最多支持 8 个电子设备，其中发起通信的那个设备称为主设备，其他设备称为从设备。一组相互独立、以特定方式连接在一起的微微网构成分布式网络，各个微微网通过使用不同的调频序列来区分。蓝牙技术支持多种类型的业务，包括声音和数据，为将来的电器设备提供联网和数据传输的功能，它将使来自各个设备制造商的设备能以同样的"语言"进行交流，这种"语言"可以是一种虚拟的电缆。蓝牙的一般传输距离为 10 cm ~ 10 m，如果提高功率的话，其传输距离则可扩大到 100 m。

2）蓝牙无线通信的使用方式及技术特点。

蓝牙技术的一个优势在于它应用了全球统一的频率设定，消除了"国界"的障碍，而在蜂窝式移动电话领域，这种障碍已经困扰用户多年。另外，蓝牙技术使用的频段是对所有无线电系统都开放的，因此使用时可能会遇到不可预测的干扰源，如某些家电设备、微波炉等，都可能成为干扰源。为此，蓝牙技术特别设计了快速确认和跳频方案以确保链路工作的稳定。跳频技术是把频带分成若干个跳频信道，在一次连接中，无线电收发器按一定的码序列不断地从一个信道跳到另一个信道，只有收、发双方都按这个规律通信，而其他的干扰源不可能按同样的规律进行干扰。跳频的瞬时带宽很窄，但是通过扩展频谱技术可将这个窄带成倍的扩展，使之变成宽频带，从而使可能干扰的影响变得很小。与其他工作在相同频段的系统相比，蓝牙跳频更快，数据包更短，这使蓝牙技术系统比其他系统工作更加稳定。

目前，蓝牙技术主要以满足美国联邦通信委员会（FCC）要求为目标，对于其他国家的应用需求还要做一些适应性调整。蓝牙 1.0 规范已公布的主要技术指标和系统参数如表 2 - 2 所列。

表 2 - 2 蓝牙技术指标和系统参数

工作频段	ISM 频段：2. 402 ~ 2. 480 GHz
双工方式	全双工，TDD
业务类型	支持电路交换和分组交换业务
数据传输速率	1 Mb/s
非同步信道速率	非对称连接 721 kb/s、57. 6 kb/s、432. 6 kb/s
同步信道速率	64 kb/s
功率	美国 FCC 要求小于 1 mW，其他国家可扩展为 100 mW
跳频频率数	79 个频点/MHz
跳频速率	1 600 次/s
数据连接方式	面向连接业务 SCO（同步链路），无连接业务 ACL（接入控制清单）
纠错方式	1/3FEC，2/3FEC，ARQ（自动重传请求）
鉴权	采用反逻辑算术
信道加密	采用 0、40 位、60 位加密字符
话音编码方式	连续可变斜率调制
发射距离	一般可达 10 m，增加功率情况下可达 100 m

3）蓝牙无线通信的信息处理

蓝牙协议体系结构主要包括蓝牙核心协议（基带、LMP、L2CAP、SDP），串口仿真协议（RFCOMM）、电话传送控制协议（TCS），以及可选协议（PPP、TCP/IP、OBEX、WAP、IrMC）等。为了使远程设备上的对应应用程序能够实现互操作功能，蓝牙技术联盟（SIG）为蓝牙应用模型定义了完整的协议栈，如图 2 – 10 所示。

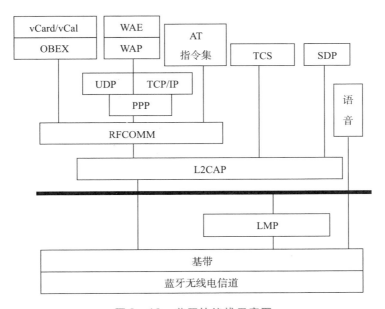

图 2 – 10　蓝牙协议栈示意图

需要指出的是，并不是所有的应用程序都要利用上述全部协议。相反，应用程序往往只利用协议栈中的某些部分，并且协议栈中的某些附加垂直协议子集恰恰是用于支持主要应用的服务。蓝牙技术规范的开放性保证了设备制造商可以自由地选用其专利协议或常用的公共协议，在蓝牙技术规范的基础上开发出新的应用。

基于蓝牙技术的应用成果非常丰富，图 2 – 11 和图 2 – 12 所示为蓝牙技术的一些应用实例。

2．超宽带无线通信技术

1）超宽带无线通信的工作原理

无线通信技术是当前发展最快、活力最大的技术领域之一。这个领域中的各种新技术、新方法层出不穷。其中，超宽带（Ultra Wide Band，UWB）无线通信技术是在 20 世纪 90 年代以后发展起来的一种具有巨大发展潜力的新型无

图2-11 基于蓝牙技术的环境智能管理系统

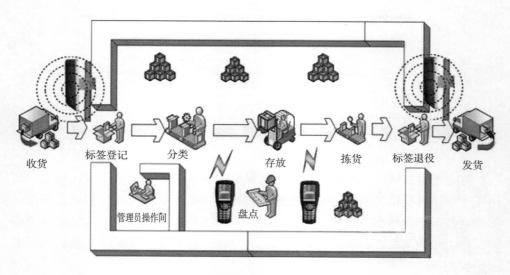

图2-12 基于蓝牙技术的物流管理系统

线通信技术，被列为未来通信的十大技术之—[85]。

随着无线通信技术的发展，人们对高速短距离无线通信的要求越来越高。UWB技术的出现，实现了短距离内超宽带、高速的数据传输。其调制方式和多址技术的特点使得它具有其他无线通信技术所无法具有的一些优点，例如，很宽的带宽、很高的数据传输速度，加上功耗低、安全性能高等特点，使之成为无线通信领域的宠儿。

UWB 是指信号带宽大于 500 MHz 或者是信号带宽与中心频率之比大于 25% 。与常见的无线电通信方式使用连续的载波不同，UWB 采用极短的脉冲信号来传送信息，通常每个脉冲持续的时间只有几十皮秒到几纳秒的时间[86]。这些脉冲所占用的带宽甚至高达几吉赫，因此其最大数据传输速率可高达几百兆比特秒。在高速通信的同时，UWB 设备的发射功率却很小，仅仅是现有设备的几百分之一，对于普通的非超宽带接收机来说近似于噪声。从理论上讲，UWB 可以与现有无线电设备共享带宽。所以，UWB 是一种高速而又低功耗的数据通信方式，有望在无线通信领域得到广泛的应用。

TM – UWB（时间调制超宽带）最基本的单元是单脉冲小波（见图 2 – 13），它是由高斯函数在时域中推导得出的，其中心频率和带宽依赖于单脉冲的宽度[87]。实际上，空间频谱是由发射天线的带宽和暂时响应特性决定的，时域编码、时域调制系统采用长序列单脉冲小波进行通信，数据调制和信道分配是通过改变脉冲和脉冲之间的时间间隔进行的。另外，数据编码也可以通过脉冲的极性进行。

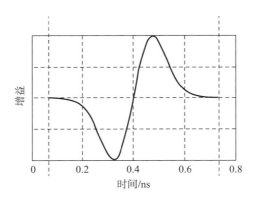

图 2 – 13　时域内的单脉冲小波

脉冲的发送如果以固定的间隔进行时，结果会导致频谱中包含一种不希望见到的由脉冲重复率分割的"梳状线"，而且梳状线的峰值功率将会限制总的传输功率。因此，为了平滑频谱，使频谱更接近噪声，而且能够提供信道选择，单脉冲利用伪噪声（PN）序列进行时域加扰，即在等于平均脉冲重复率的倒数时间间隔内，在 3 ns 精度内加载单脉冲（见图 2 – 14），这是一个小波序列，或称为 PN 时域编码的"脉冲"串。

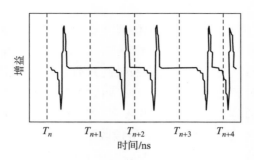

图 2 – 14　时域内 PN 时域编码
单脉冲小波序列

　　TM – UWB 系统通过脉冲位置进行调制，或通过脉冲的极性来进行调制。脉冲位置调制是在相对标准 PN 编码位置提前或晚 1/4 周期的位置上放置脉冲。调制进一步平滑了信号的频谱，使得系统更不容易被检测到，增加了隐蔽性。

　　2）超宽带无线通信的使用方式及技术特点

　　图 2 – 15 所示为 TM – UWB 发射器的结构组成示意图。从图中可以发现，TM – UWB 发射器并不包含功率放大器，替代它的是一个脉冲生成器，它根据要求按一定的功率发射脉冲。可编程时延实现了 PN 时域编码和时域调制。另外，系统中的调制也可以用脉冲极性来实现。定时器的性能不仅能够影响到精确的时间调制和精确的 PN 编码，而且还会影响到精确的距离定位，是 TM – UWB 系统的关键技术。

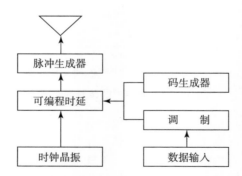

图 2 – 15　TM – UWB 发射器组成示意图

　　如图 2 – 16 所示，TM – UWB 接收器把接收到的射频信号经放大后直接送到前端交叉相关器处理，相关器将收到的电磁脉冲序列直接转变为基带数字或模拟输出信号，没有中间频率范围，因而极大地减小了复杂度。TM – UWB 接收器的一个重要特点就是它的工作步骤相对简单，没有功放、混频器等，制作成本低，可以实现全数字化，采用软件无线电技术，还可实现动态调整数据速率、功耗等。

与 UWB 技术相比，其他通信技术还具有如下技术特点。

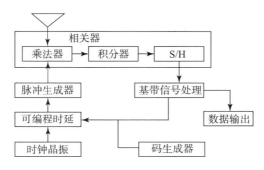

图 2 - 16 TM - UWB 接收器组成示意图

（1）隐蔽性。无线电波在空间传播时的"公开性"是无线通信方式较之有线通信方式的"先天不足"。UWB 无线通信发射的是占空比很低的窄脉冲信号，脉冲宽度通常在 1 ns 以下，射频带宽可达 1 GHz 以上，所需平均功率很小，信号隐蔽在环境噪声和其他信号中，难以被敌方检测[88]。这是 UWB 比常规无线通信方式最为突出的特点。

（2）简单性。这里所说的简单性是指 UWB 无线通信的系统结构十分简单，常规无线通信技术使用的通信载波是连续的电波，载波的频率和功率在一定范围内变化，从而利用载波的状态变化来传输信息。而 UWB 则不使用载波，它通过发送纳秒级脉冲来传输数据信号。UWB 发射器直接用小型脉冲进行激励，不需要传统收/发器所需要的上变频，从而不需要放大器与混频器，因此，UWB 允许采用非常低廉的宽频发射器。同时在接收端，UWB 的接收器也有别于传统的接收器，不需要中频处理，因此 UWB 系统结构比较简单。

（3）高速性。UWB 以非常宽的频率带宽来换取高速的数据传输，并且不单独占用现在已经拥挤不堪的频率资源，而是共享其他无线技术使用的频带。在军事应用中，UWB 可以利用巨大的扩频增益实现远距离、低截获率、低检测率、高安全性和高速的数据传输。

（4）增益性。增益是指信号的射频带宽与信息带宽之比。UWB 无线通信可以做到比目前实际扩谱系统高得多的处理增益[89]。例如，对信息带宽为 8 kHz、信道带宽为 1.25 MHz 的码分多址直接序列扩谱系统，其处理增益为 156（22 dB）。对于 UWB 系统，可以采用窄脉冲将 8 kHz 带宽的基带信号变换为 2 GHz 带宽的射频信号，处理增益为 250 000。

（5）分辨能力强。由于常规无线通信中的射频信号大多为连续信号或其持续时间远大于多径传播时间，于是大量多径分量的交叠造成严重的多径衰落，限制了通信质量和数据传输速率[90]。而 UWB 无线通信发射的是持续时间极短、占空比极低的脉冲，在接收端，多径信号在时间上能做到有效分离。发射窄脉冲的 UWB 无线信号，在多径环境中的衰落不像连续波信号那样严重。大量的试验表明，对常规无线电信号多径衰落深达 10 ~ 30 dB 的环境，对 UWB 无线通信信号的衰落最多不到 5 dB。此外，由于脉冲多径信号在时间上很容易分离，可以极为方便地采用 Rake 接收技术（一种路径分集技术），以充分利用发射信号的能量提高信噪比，从而改善通信质量。

（6）数据传输速率快。数字化、综合化、宽频化、智能化和个人化是无线通信技术发展的主要趋势。对于高质量的多媒体业务，高速率传输技术是必不可少的基础。从信号传播的角度考虑，UWB 无线通信由于能有效减小多径传播的影响而使其可以高速率传输数据。目前的演示系统表明，在近距离上（3 ~ 4 m），其数据传输速率可达 480 Mb/s。

（7）穿透能力强。相关试验证明，UWB 无线通信具有很强的穿透树叶和障碍物的能力，有望弥补常规超短波信号在丛林中不能有效传播的不足[91]。同时，相关试验还表明，适用于窄带系统的丛林通信模型同样适用于 UWB 系统，UWB 技术也能实现隔墙成像等。

3. ZigBee 无线通信技术

1）ZigBee 无线通信的工作原理。

ZigBee 是一种近距离、低复杂度、低功耗、低速率、低成本的双向无线通信技术。主要用于距离短、功耗低且数据传输速率不高的各种电子设备之间进行数据传输以及典型的有周期性数据、间歇性数据和低反应时间数据传输的应用[92]。

人们通过长期观察发现，蜜蜂在发现花丛后会通过一种特殊的肢体语言告知同伴新发现的食物源位置等相关信息，这种肢体语言就是 ZigZag 舞蹈，它是蜜蜂之间一种简单传达信息的方式。由于蜜蜂（bee）是靠飞翔和"嗡嗡"（zig）地抖动翅膀的"舞蹈"向同伴传递花粉所在方位信息，也就是说蜜蜂依靠这样的方式构成了群体中的通信网络，于是人们借用 ZigBee 作为新一代无线通信技术的名称[93]。

简单而言，ZigBee 是一种高可靠性的无线数传网络，类似于 CDMA 和 GSM 网络。ZigBee 数传模块类似于移动网络基站，是一个由可多到 65 535 个无线数传模块组成的一个无线数传网络平台。在整个网络范围内，每一个 ZigBee 网络数传模块之间都可以相互通信，每个网络节点间的距离可以从标准的 75 m 到几百米、几千米，并且支持无限扩展。

ZigBee 是基于 IEEE 802.15.4 标准的低功耗局域网协议。根据国际标准的规定，ZigBee 技术是一种短距离、低功耗的无线通信技术。其特点是近距离、低复杂度、自组织、低功耗、低数据传输速率。主要适用于自动控制和远程控制领域，也可以嵌入各种设备。简而言之，ZigBee 就是一种便宜的、低功耗的近距离无线组网通信技术。ZigBee 协议从下到上分别为物理层（PHY）、介质访问控制层（MAC）、传输层（TL）、网络层（NWK）、应用层（APL）等。其中物理层和媒体访问控制层遵循 IEEE 802.15.4 标准的规定[94]。

与移动通信的 CDMA 网或 GSM 网不同的是，ZigBee 网络主要是为工业现场自动化控制数据传输而建立的，因而它必须具有体系简单、使用方便、工作可靠、价格低廉的特点。而移动通信网主要是为语音通信而建立的，每个基站价值一般都在百万元人民币以上（FFD），而每个 ZigBee 基站花费却不到 1 000 元人民币。每个 ZigBee 网络节点不仅本身可以作为监控对象，例如，其所连接的传感器直接进行数据采集和监控，还可以自动中转别的网络节点传过来的数据资料。除此之外，每一个 ZigBee 网络节点还可在自己信号覆盖的范围内，与多个不承担网络信息中转任务的孤立的子节点（RFD）进行无线连接。

2）ZigBee 无线通信的使用方式及技术特点。

机器人通信可以采用 ZigBee 的星形结构，在该结构的网络中，充当网络协调器的机器人负责组建网络、管理网络，并对网络的安全负责[95]。它要存储网络内所有节点的设备信息，包括数据包转发表、设备关联表以及与安全有关的密钥等。其他普通机器人使用的 ZigBee 节点都是 RFD 设备。当这类机器人受到某些触发时，例如，内部定时器所定时间到了、外部传感器采集完数据、接收到协调器要求答复的命令，就会向协调器传送数据。作为网络协调器的机器人可以采用有线方式和一台 PC 相连，在 PC 上存储网络所需的绑定表、路由表和设备信息，减小网络协调器的负担，提高网络的运行效率。

与其他无线通信方式相比，ZigBee 除复杂性低、对资源要求少以外，主要特点如下。

（1）功耗低。ZigBee 的数据传输速率低，传输数据量小，其发射功率仅为 1 mW，并且支持休眠模式[96]。因此，ZigBee 设备的节能效果非常明显。据估算，在休眠模式下，仅靠两节 5 号电池就可以维持一个 ZigBee 节点设备长达 6 个月到 2 年的使用时间。而在同样的情况下，其他设备如蓝牙仅能维持几周，比较而言，ZigBee 设备的功耗极低。

（2）成本低。在智能家居系统中，成本控制始终是一个重要的选项。ZigBee 协议栈十分简单，并且 ZigBee 协议是免收专利费的，这就大大降低了其芯片的成本。ZigBee 模块的初始成本在 6 美元左右，现在价格已经降低到几美分。低成本是 ZigBee 技术能够应用于智能家居系统中的一个关键因素。

（3）时延短。ZigBee 设备模块的通信时延非常短，从休眠状态激活的响应时间非常快，典型的网络设备加入和退出网络时延只需 30 ms，休眠激活的时延仅需 15 ms。在非信标模式下，活动设备信道接入的时延为 15 ms。因此，ZigBee 非常适用于对时延要求苛刻的智能家居系统（如安防报警子系统）。

（4）容量大。ZigBee 可组建成星形、片形及网状的网络结构，在组建的网络中，存在一个主节点和若干个子节点，一个主节点最多可管理 254 个子节点；同时主节点还可被上一层网络节点管理，这样就能组成一个多达 65 000 个节点的大网络，一个区域内可以同时存在最多 100 个 ZigBee 网络，并且组建网络非常灵活。

（5）可靠性高。ZigBee 采用多种机制为整体系统的数据传输提供可靠保证，在物理层采用抗干扰的扩频技术；在访问控制层采用了碰撞避免机制，这种机制要求数据在完全确认的情况下传输，当有数据需要传输时则立即传输，但是每个发送的数据包都必须等待接收方的确认信息，并采取了信道切换功能等。同时，预留了专用时隙，以满足某些固定带宽的通信业务的需要，这样就能减少数据在发送时因竞争和冲突造成的丢包情况。

（6）安全性好。ZigBee 提供了三级安全模式：分别为无安全设定级别、使用接入控制清单（ACL）防止非法获取数据级别以及采用最高级加密标准（AES128）的对称密钥，并且提供了基于循环冗余校验（CRC）的数据包完整性检查功能。同时，支持鉴权和认证，各个应用可以对其安全属性进行灵活确定，这样就能为数据传输提供较强的安全保障。

（7）工作频段灵活。ZigBee 使用的频段分别为 2.4 GHz、868 MHz（欧洲），以及 915 MHz（美国），均为免执照的频段。

（8）自主能力强。ZigBee 的网络节点能够自动寻找其他节点构成网络，并且当网络中发生节点增加、删除、变动、故障等情况时，网络能够进行自我修复，并对网络拓扑结构进行相应的调整，保证整个系统正常工作。

3）ZigBee 无线通信的信息处理

ZigBee 协议栈是一个多层体系的结构，它由四个子层组成，每一层都有两个数据实体，分别为其相邻的上层提供特定的服务，数据实体提供数据传输服务，管理实体则提供全部其他的服务，每个服务实体都有一个服务接入点（SAP），每个 SAP 都通过一系列的服务指令来为其上层提供服务接口，并完成相应的功能。

ZigBee 协议栈的体系结构如图 2-17 所示。由图可知，ZigBee 协议栈是基于标准的（OSI）参考模型建立的，分别由 IEEE 802 协议小组和 ZigBee 技术联盟两家共同制定完成。其中 IEEE 802.15.4—2003 标准中对最下面的物理层和介质访问层进行了定义。ZigBee 技术联盟提供了网络层和应用层框架的设计。其中应用层的框架包括了应用支持子层（APS）、ZigBee 设备对象（ZDO）和由制造商制定的应用对象。

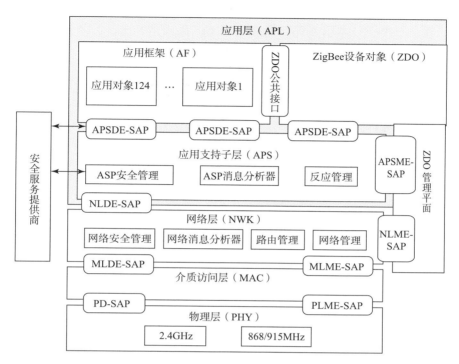

图 2 – 17 ZigBee 协议栈体系结构图

在图 2 – 18 所示网络体系结构中，物理层由半双工的无线收/发器及其接口组成，工作频率可以是 868 MHz、915 MHz 或者 2.4 GHz，它直接利用无线信道实现数据传输。介质访问层提供节点自身和其相邻的节点之间可靠的数据传输链路，其主要任务是实现传输数据的共享，并且提高节点通信的有效性。网络层在介质访问层的基础上实现网络节点之间的可靠的数据传输，提供路由寻址、多跳转发等功能，并组建和维护星形、片形以及网状网络。对于那些没有路由功能的终端节点来说，仅仅具备简单的加入或者退出网络的功能而已。路由器的任务是发现邻近节点、构造路由表以及完成信息的转发。协调器具备组建网络、启动网络、以及为新申请加入的网络节点分配网络地址等功能。应用支持子层通过维护一个绑定表实现将网络信息转发到运行在节点上的不同的应用终端节点，并在这些终端节点设备之间传输信息等，绑定表将设备能够提供的服务和需要的服务匹配起来。应用对象是运行在端点的应用软件，它具体实现节点的应用功能。ZigBee 体系结构在协议栈的介质访问层、网络层和应用层之中提供密钥的建立、交换以及利用密钥对信息进行加密、解密处理等服务。各层在发送帧时按指定的加密方案进行加密处理，在接收时进行相应的解密。

目前，ZigBee 技术已在许多领域获得了广泛应用，图 2 – 18 和图 2 – 19 所示为 ZigBee 的应用实例。

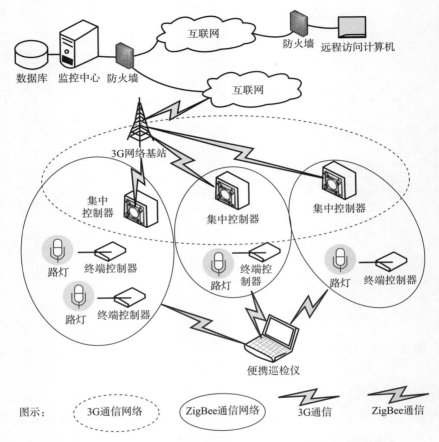

图 2 – 18　基于 ZigBee 技术的 LED 路灯智能照明控制系统研究

4. Wi – Fi 无线通信技术

1）Wi – Fi 无线通信技术的工作原理。

随着网络的普及，越来越多的人开始享受到了网络给自己带来的方便。但是上网地点的固定、上网工具不方便携带等问题，使人们对无线网络更加渴望[97]。而 Wi – Fi 技术的诞生，正好满足了人们的这种需求，也使得 Wi – Fi 技术越来越受到人们的关注。

"Wi – Fi" 是 Wireless Fidelity 的缩写[92]，其含义就是无线局域网。它遵循

图 2 - 19　基于 ZigBee 技术的智能能源管理系统

IEEE 802.11x 系列标准，所以一般所谓的 IEEE 802.11x 系列标准都属于 Wi - Fi。根据 IEEE 802.11x 标准的不同，Wi - Fi 的工作频段也有 2.4 GHz 和 5 GHz 的差别。但是，Wi - Fi 却能够实现随时随地上网需求，也能提供较高速的宽带接入。当然，Wi - Fi 技术也存在着诸如兼容性和安全性等方面的问题，不过凭借着自身的一些固有优势，它占据着无线传输的主流地位。

2）Wi - Fi 无线通信技术的应用方向及特点。

（1）Wi - Fi 技术的应用方向。

①公众服务。利用 Wi - Fi 技术为公众提供服务已经不算是一个新概念了。在美国，这称为"Hotspot"服务，即热点服务，也就是说在热点地区。例如，酒店、机场、休闲场所及会展中心等地方，利用 Wi - Fi 技术进行覆盖，为用户提供高速的宽带无线连接[98]。随着笔记本电脑和掌上电脑（PDA）的普及，越来越多的商务人士希望在旅行的途中也可以上网。还有，在许多休闲场所，如咖啡馆和茶吧等地方，也有不少客人希望能够提供上网服务。Wi - Fi 的特性正好使之可以在这样的小范围内提供高速的无线连接。目前，国内大多数咖啡馆、机场候机室以及酒店大堂等公共场所，都进行了 Wi - Fi 覆盖，用户只要携带配有无线网卡的笔记本电脑或 PDA，就可以在这类区域无线上网。

②家庭应用。Wi - Fi 家庭网关不仅可以提供无线连接功能，同时还可以承担共享 IP 的路由功能。最优的解决方案是选择一台 Wi - Fi 网关设备，覆盖到家庭的全部范围。只要安装一块无线局域网网卡，家里的计算机就可以连接互联网。这样一来，家里的网络就变得非常简单方便。台式计算机安装 USB 接口的网卡，可以摆放在房间的任何一个位置；笔记本电脑就更方便了，可以不受

约束地移动到任何地方使用。

（2）大型企业应用。一般来说，每个大型企业都已经有了一个成熟的有线网络，在这种情况下，无线局域网可以成为大型企业内部网络的一个延伸和补充。例如，对会议室进行无线覆盖，可以为参加会议的人员提供便利的网络连接，方便会议中的资料演示和文件交换。许多大型企业的员工绝大部分都是使用笔记本电脑的，而且其工作的流动性很强。这时使用 Wi－Fi 技术覆盖，可以为这些用户提供无所不在的网络连接，提高他们的工作效率。

（3）小型办公环境。很多小型公司不像大型企业那样具备完善的有线网络，对它们来说，需要建立一个自己内部的局域网[99]，这时就可以使用 Wi－Fi 来实现办公室内的网络部署。只要在办公室内安装一个无线局域网的访问接入点（Access Point，AP），同时在每台计算机上安装一个无线局域网网卡，就可以建立起公司自己的内部网络，快速进入工作状态。如果企业需要搬家，无线局域网的全部设备也可以迅速地迁入新的工作地点投入使用；如果有新员工加入企业，也可以迅速连接进入公司的内部网，帮助其快速了解公司的情况。正是由于 Wi－Fi 的便捷性能，目前国内越来越多的小型公司也开始在公司内部进行 Wi－Fi 的使用。

3）Wi－Fi 无线通信技术的特点。

（1）安装便捷。无线局域网免去了大量的布线工作，只需安装一个或多个 AP，就可以覆盖整个建筑内的局域网络，而且便于管理和维护[100]。

（2）易于扩展。无线局域网有多种配置方式，每个 AP 可以支持 100 多个用户的接入，只需在现有的无线局域网基础之上再增加 AP，就可以把几个用户的小型网络扩展成为拥有几百、几千个用户的大型网络[101]。

（3）高度可靠。通过使用和以太网类似的连接协议和数据包确认方法，可以提供可靠的数据传送和网络带宽的有效使用。

（4）便于移动。在无线局域网信号覆盖的范围内，各个节点可以不受地理位置的限制而进行任意移动。通常来说，其支持的范围在室外可达 300 m，在办公环境中可达 10～100 m。在无线信号覆盖的范围内，都可以接入网络，而且可以在不同运营商和不同国家的网络间进行漫游。

4）Wi－Fi 无线通信的信息处理

一般架设无线网络的基本配备就是无线网卡及一个 AP，如此便能以无线的模式，配合既有的有线架构来分享网络资源，其架设费用和复杂程度远远低于传统的有线网络[102]。如果只是供几台计算机使用的对等网，也可不要 AP，只需每台计算机配备无线网卡。AP 主要在介质访问层中扮演无线工作站及有线局域网的桥梁。有了 AP，就像一般有线网络的 Hub 一般，无线工作站可以快速且轻易地与网络相连。特别是对于宽带的使用，Wi－Fi 技术更显优势，有线宽带网络（ADSL、小区 LAN 等）到户后，连接到一个 AP，然后在计算机中安装一块无线网卡即可。普通的家庭有一个 AP 已经足够了，甚至用户的邻里得到授权后，无须增加端口，也能以共享的方式上网。基于 Wi‑Fi 技术的应用实例很多，在许多领域都能看到 Wi‑Fi 的身影，图 2‑20 所示为其中的应用实例。

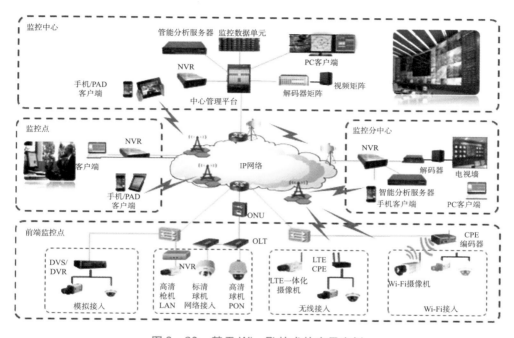

图 2‑20　基于 Wi‑Fi 技术的应用实例

NVR—网络硬盘录像机；ONU—光网络单元；OLT—光线路终端；LTE——一种网络制式；CPE——一种接收 Wi‑Fi 信号的无线终端接入设备；DVR—数字视频录像机；DVS—数字视频编码器。

5. 2.4 GHz 无线通信技术

1）2.4GHz 无线通信技术的工作原理。

2.4 GHz 无线通信技术是一种短距离无线传输技术，主要供开源使用。2.4 GHz 所指的是一个工作频段，2.4 GHz ISM（Industry Science Medicine，指主要开放给工业、科学和医学机构使用的频段）是全世界公开通用的无线频段，蓝牙技术即工作在这一频段。在 2.4 GHz 频段下工作可以获得更大的使用范围和更强的抗干扰能力，目前 2.4 GHz 无线通信技术广泛用于家用及商用领域。

2）2.4 GHz 无线通信技术的使用方式及特点。

目前，2.4 GHz 无线通信技术没有标准的通信协议栈，因此在整个协议的规划和设计时对产品的抗干扰性和稳定性等有着认真的考虑[103]。由于其与底层硬件的结构特征结合紧密，设计了物理层、链路管理层和应用层的三层结构。其中，物理层和链路管理层的很多特性由硬件本身所决定。应用层则通过使用划分信道子集的方式和跳频方式，有效地防止了来自同类产品间信道的相互干扰和占用现象。同时，又通过对改进的直接序列扩频（DSSS）方式和无DSSS 扩频两种通信方式的合理配置，实现了设备性能和抗干扰能力之间的平衡。

2.4 GHz 频段近年来颇受重视，主要原因有三个：首先，它是一个全球性使用的频段，开发的产品具有全球通用性；然后，它整体的频宽胜于其他 ISM 频段，这就提高了整体数据的传输速率，允许系统共存；最后，就是尺寸方面具有优势，2.4 GHz 无线通信设备和天线的体积相当小，产品体积也很小。因此，它在很多时候都更容易获得人们的青睐。

3）2.4 GHz 无线通信技术的信息处理。

2.4 GHz 无线通信技术的通信协议比蓝牙协议更简洁，能满足特定的功能需求，并加快产品开发周期、降低成本。整个协议分为三层：物理层，数据链路层和应用层。物理层包括 GFSK 调制和解调器、DSSS 基带控制器、RSSI 接收信号强度检测、SPI 数据接口和电源管理，主要完成数据的调制解调、编码解码、DSSS 直接序列扩频和 SPI 通信。数据链路层主要完成解包和封包过程，它主要有两种基本封包，即传输包和响应包，分别如图 2－21 和图 2－22 所示。

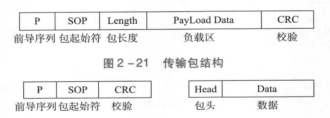

P	SOP	Length	PayLoad Data	CRC
前导序列	包起始符	包长度	负载区	校验

图 2－21　传输包结构

P	SOP	CRC
前导序列	包起始符	校验

Head	Data
包头	数据

图 2－22　响应包结构

在图 2－21 中，前导序列用于控制包与包之间的传输间隔。SOP 用于表示包的起始，包长度说明整个包的大小，采用 16 位 CRC 校验。根据不同的应用设备，应用层有不同定义，因而在完成的某计算机控制系统中，应用层就包括鼠标、键盘、控制器等。

每种类型的包在应用层协议中的用途不同，绑定包用于建立主控端和从属端之间一对一的连接关系。每个主控端最多有一个从属端，但是一个从属端可以有多个主控端。连接包用于在主控端和从属端失去联系时，重新建立连接，相互更新最新的状态信息。

多数无线接收端只能和单一的主控端进行实时通信。为了与多个主控端同时进行连接，在从属端建立一对多的关系，需要进行有效的信道保护机制和数据接收机制，防止由于数据碰撞而导致无法正确接收数据。可以利用以下两种机制有效防止信道间的相互干扰。

（1）改进的直接序列扩频（DSSS）。传统的 DSSS 将需要发送的每个比特的数据信息用伪噪声编码（PNcode）扩展到一个很宽的频带上，在接收端使用与发送端扩展所用相同的 PNcode 对接收到的扩频信号进行恢复处理，得到发送的数据比特。而改进的 DSSS 对每个字节进行直接扩频，极大提高了数据传输速率，并确保只有在收、发两端保持相同 PNcode 的情况下，数据才能被正确接收。若两端的 PNcode 不同，则传输的数据将被视为无效数据在物理层被丢弃。

（2）独立通信信道（Channel）机制。CYRF 6936 有 78 个可用的 Channel，每个 Channel 之间间隔 1 MHz，78 个可用信道被分成了 6 个子集。每个子集包含 13 个信道，每个子集中的信道间隔为 6 MHz。每种主控设备选择一个子集作为传输信道，即设备采用了不同子集中的不同信道，降低了相邻信道容易出现干扰的概率，减少了碰撞。所有设备都采用第一个子集的信道来建立绑定（BIND）连接。

2.4 GHz 无线通信技术的应用成果极为丰富，图 2 – 23 展示了其在校园网建设中的功能与作用。

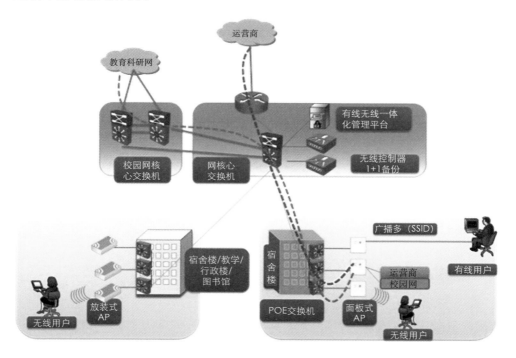

图 2 – 23　2.4 GHz 无线通信技术在校园网建设中的功能与作用

NRF 24L01 无线通信芯片如图 2 – 24 所示。NRF 24L01 是 NORDIC 公司生产的一款无线通信芯片，采用 FSK 调制，集成 NORDIC 公司的 Enhanced Short Burst 协议。可以实现点对点或是 1 对 6 的无线通信。无线通信速率最高可达到 2 Mb/s。

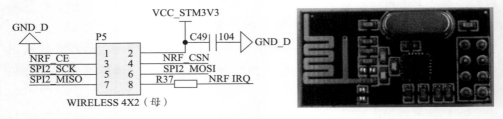

图 2 – 24　NRF 24L01 无线通信芯片原理图

6. 串口通信模块

串行接口是一种可以将来自 CPU 的并行数据字符转换为连续的串行数据流并发送出去，同时还可将接收的串行数据流转换为并行的数据字符供给 CPU 的器件。一般将具有这种功能的电路称为串行接口电路[104]。

串口通信是指外设和计算机间通过数据信号线、地线、控制线等，按位进行传输数据的一种通信方式。这种通信方式使用的数据线少，在远距离通信中可以节约通信成本，但其数据传输速度比并行传输低。串口是计算机上一种非常通用的设备通信协议。大多数计算机（不包括笔记本电脑）包含两个基于 RS – 232 的串口。串口同时也是仪器仪表设备通用的通信协议；很多通用总线接口（GPIB）兼容的设备也带有 RS – 232 串口。同时，串口通信协议也可以用于获取远程采集设备的数据。

串口通信的概念非常简单，串口按位（bit）发送和接收字节（Bye）。尽管比按字节的并行通信慢，但是串口可以在使用一根线发送数据的同时而用另一根线接收数据。它很简单并且能够实现远距离通信，例如，IEEE 488 定义并行通行状态时，规定设备线总长不得超过 20 m，并且任意两个设备间的长度不得超过 2 m；而对于串口而言，长度可达 1 200 m。串口用于 ASCII 码字符的传输[105]。通信使用三根线完成，分别是地线、发送、接收。由于串口通信是异步的，端口能够在一根线上发送数据同时在另外一根线上接收数据。其他线用于握手，但不是必需的。串口通信最重要的参数是波特率、数据位、停止位和奇偶校验。对于两个进行通信的端口，这些参数必须匹配。常用机器人串口通信原理如图 2 – 25 所示。

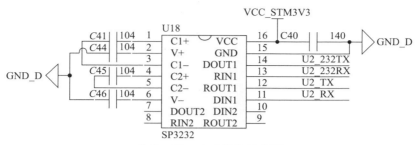

图 2-25　串口通信原理图

2.5　让仿龟机器人动起来

　　要想让人体运动起来，人体的肌肉、肌腱、韧带就必须为人体提供驱动力；要想让机器人运动起来，也必须向机器人的关节、运动部位提供驱动力或驱动扭矩。能够提供机器人所需驱动力或驱动扭矩的器件或方式多种多样，有液压驱动、气压驱动、电机驱动，以及其他驱动形式。在电机驱动形式中，又有交流电机驱动、直流电机驱动、步进电机驱动、直线电机驱动等[106]。电机驱动因运动精度高、驱动效率高、操作简单、易于控制，加上成本低、无污染，在机器人领域中得到了广泛应用。人们可以利用各种电机产生的驱动力或驱动扭矩，直接或经过减速机构去驱动机器人的各个关节，以获得所要求的位置、速度或加速度[107]。因此，为机器人系统配置合理、可靠、高效的驱动系统是让机器人具有良好运动性能的重要条件。

2.5.1　直流电机

　　直流电机（见图 2-26）是指能将直流电能转换成机械能（直流电动机）或将机械能转换成直流电能（直流发电机）的旋转电机[108]。它能实现直流电能和机械能互相转换[109]。当它作电动机运行时是直流电动机，将电能转换为机械能；作发电机运行时是直流发电机，将机械能转换为电能。

图 2-26　直流电机

1. 结构组成

直流电机的结构由定子和转子两大部分组成。直流电机运行时静止不动的部分称为定子，定子的主要作用是产生磁场，由机座、主磁极、换向极、端盖、轴承和电刷装置等组成。运行时转动的部分称为转子，主要作用是产生电磁转矩和感应电动势，是直流电机进行能量转换的枢纽，所以通常又称为电枢，由转轴、电枢铁芯、电枢绕组、换向器和风扇等组成[110]。

1）定子。

（1）主磁极。主磁极的作用是产生气隙磁场。主磁极由主磁极铁芯和励磁绕组两部分组成。铁芯一般用 0.5~1.5 mm 厚的硅钢板冲片叠压铆紧而成，分为极身和极靴两部分，上面套励磁绕组的部分称为极身，下面扩宽的部分称为极靴，极靴宽于极身，既可以调整气隙中磁场的分布，又便于固定励磁绕组。励磁绕组用绝缘铜线绕制而成，套在主磁极铁芯上。整个主磁极用螺钉固定在机座上。

（2）换向极。换向极的作用是改善换向，减小电机运行时电刷与换向器之间可能产生的换向火花，一般装在两个相邻主磁极之间，由换向极铁芯和换向极绕组组成。换向极绕组用绝缘导线绕制而成，套在换向极铁芯上，换向极的数目与主磁极相等。

（3）机座。电机定子的外壳称为机座。机座的作用有两个：一是用来固定主磁极、换向极和端盖，并起整个电机的支撑和固定作用；二是机座本身也是磁路的一部分，藉以构成磁极之间磁的通路，磁通通过的部分称为磁轭。为了保证机座具有足够的机械强度和良好的导磁性能，一般为铸钢件或由钢板焊接而成。

（4）电刷装置。电刷装置是用来引入或引出直流电压和直流电流的。电刷装置由电刷、刷握、刷杆和刷杆座等组成。电刷放在刷握内，用弹簧压紧，使电刷与换向器之间有良好的滑动接触；刷握固定在刷杆上，刷杆装在圆环形的刷杆座上，相互之间必须绝缘。刷杆座装在端盖或轴承内盖上，圆周位置可以调整，调好以后加以固定。

2）转子

（1）电枢铁芯。电枢铁芯是主磁路的主要部分，同时用于嵌放电枢绕组。一般电枢铁芯用由 0.5 mm 厚的硅钢片冲片叠压而成，以降低电机运行时电枢铁芯中产生的涡流损耗和磁滞损耗。叠成的铁芯固定在转轴或转子支架上。铁芯的外圆开有电枢槽，槽内嵌放电枢绕组。

（2）电枢绕组。电枢绕组的作用是产生电磁转矩和感应电动势，是直流电机进行能量变换的关键部件，所以称为电枢。它是由许多线圈按一定规律连接而成，线圈采用高强度漆包线或玻璃丝包扁铜线绕成，不同线圈的线圈边分上、下两层嵌放在电枢槽中，线圈与铁芯之间以及上、下两层线圈边之间都必须妥善绝缘。为了防止离心力将线圈边甩出槽外，槽口用槽楔固定。线圈伸出槽外的端接部分用热固性无纬玻璃丝带进行绑扎。

（3）换向器。在直流电动机中，换向器配以电刷，能将外加直流电源转换为电枢线圈中的交变电流，使电磁转矩的方向恒定不变；在直流发电机中，换向器配以电刷，能将电枢线圈中感应产生的交变电动势转换为正、负电刷上引出的直流电动势。换向器是由许多换向片组成的圆柱体，换向片之间用云母片绝缘。

（4）转轴。转轴起转子旋转的支撑作用，需要有一定的机械强度和刚度，一般用圆钢加工而成。

2. 工作原理

直流电机里边固定有环状永磁体，电流通过转子上的线圈产生安培力。当转子上的线圈与磁场平行时，再继续转动受到的磁场方向将会改变，因为此时转子末端的电刷跟转换片交替接触，从而线圈上的电流方向也会改变。但是，产生的洛伦兹力方向不变，所以电机能保持一个方向转动。

直流发电机的工作原理就是把电枢线圈中感应的交变电动势依靠换向器配合电刷的换向作用，使之从电刷端引出时变为直流电动势。

感应电动势的方向可按右手定则确定（磁感线指向手心，大拇指指向导体运动方向，其他四指的指向就是导体中感应电动势的方向）。

导体受力的方向用左手定则确定。这一对电磁力形成了作用于电枢的一个扭矩（又称力矩、转矩），这个扭矩在旋转电机里称为电磁转矩，转矩的方向沿逆时针方向，企图使电枢逆时针方向转动。如果此电磁转矩能够克服电枢上的阻转矩（如由摩擦引起的阻转矩以及其他负载转矩），电枢就能按逆时针方向旋转起来。

3. 控制原理

要让电机转动起来，首先控制部就必须根据霍尔传感器（Hall – sensor）感应到的电机转子所在位置，然后依照定子绕线决定开启（或关闭）换流器（inverter）中功率晶体管的顺序，换流器中的 AH、BH、CH（称为上臂功率晶体管）及 AL、BL、CL（称为下臂功率晶体管），使电流依序流经电机线圈产生顺向（或逆向）旋转磁场，并与转子的磁铁相互作用，如此就能使电机顺时针或逆时针转动[111]。当电机转子转动到霍尔传感器感应出另一组信号的位置时，控制部又再开启下一组功率晶体管，如此循环电机就可以依同一方向继续转动，直到控制部决定要电机转子停止，则关闭功率晶体管（或只开下臂功率晶体管）；要电机转子反向则功率晶体管开启的顺序与上述相反。如图 2 – 27 所示为直流无刷电机的控制过程。

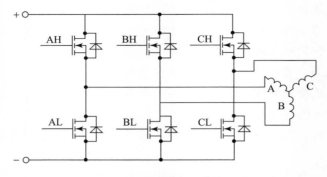

图 2 - 27　直流无刷电机的控制过程

上臂功率晶体管的开法如下：AH、BL 一组→AH、CL 一组→BH、CL 一组→BH、AL 一组→CH、AL 一组→CH、BL 一组，绝不能开成 AH、AL 或 BH、BL 或 CH、CL。此外，因为电子零件总有开关的响应时间，所以功率晶体管在关与开的交错时间要将零件的响应时间考虑进去，否则当上臂（或下臂）尚未完全关闭，下臂（或上臂）就已开启，会造成上、下臂短路而使功率晶体管烧毁。

当电机转动起来，控制部会再根据驱动器设定的速度及加/减速率所组成的命令（Command）与霍尔传感器信号变化的速度加以比对（或由软件运算）再来决定由下一组（AH、BL 或 AH、CL 或 BH、CL 或……）开关导通，以及导通时间长短[112]。速度不够则加长，速度过头则减短，此部分工作就由 PWM 来完成。PWM 是决定电机转速快或慢的方式，如何产生这样的 PWM 才是实现精准速度控制的核心。

4. 直流无刷电机

直流无刷电机由电动机主体和驱动器组成，是一种典型的机电一体化产品[113]。无刷电机是指无电刷和换向器（或集电环）的电机，又称为无换向器电机[114]。早在 19 世纪电机诞生的时候，产生的实用性电机就是无刷形式，即交流鼠笼式异步电动机，这种电动机得到了广泛的应用[115]。但是，异步电动机有许多无法克服的缺陷，以致电机技术发展缓慢。20 世纪中叶晶体管诞生了，采用晶体管换向电路代替电刷与换向器的直流无刷电机应运而生。这种新型无刷电机称为电子换向式直流电机，它克服了第一代无刷电机的缺陷。

直流有刷电机（见图 2 - 28）是典型的同步电机，由于电刷的换向使得由永磁磁钢产生的磁场与电枢绕组通电后产生的磁场在电机运行过程中始终保持垂直，从而产生最大转矩使电机运转起来[116]。但是，由于采用电刷以机械方法进行换向，因而存在机械摩擦，由此带来了噪声、火花、电磁干扰以及寿命减短等缺点，再加上制造成本较高以及维修困难等缺点，从而大大限制了直流有刷电机的应用范围[117]。随着高性能半导体功率器件的发展和高性能永磁材料的问世，直流无刷电机（见图 2 – 29）技术与产品得到了快速发展。由于直流无刷电机既具有交流电机的结构简单、运行可靠、维护方便等一系列优点，又具备直流电机的运行效率高、无励磁损耗以及调速性能好等诸多长处，因而得到了广泛的应用[118]。

图 2 – 28　直流有刷电机

图 2 – 29　直流无刷电机

1）直流无刷电机的结构

从结构上分析，直流无刷电机与直流有刷电机相似，两者都有转子和定子。只不过两者在结构上相反，有刷电机的转子是线圈绕组，与动力输出轴相连接，定子是永磁磁钢；无刷电机的转子是永磁磁钢，连同外壳一起与输出轴相连接，定子是绕组线圈，去掉了有刷电机用来交替变换电磁场的换向电刷，故称为无刷电机[119]。直流无刷电机是同步电机的一种，也就是说电机转子的转速受电机定子旋转磁场的速度以及转子极数的影响：在转子极数固定的情况下，改变定子旋转磁场的频率就可以改变转子的转速[120]。直流无刷电机是将同步电机加上电子式控制（驱动器），控制定子旋转磁场的频率并将电机转子的转速回授至控制中心反复校正，以期达到接近直流电机的特性[121]。也就是说直流无刷电机能够在额定负载范围内当负载变化时仍然可以控制电机转子维持一定的转速。

2）直流无刷电机的工作原理

直流无刷电机的运行原理：依靠改变输入到无刷电机定子线圈上的电流波交变频率和波形，在绕组线圈周围形成一个绕电机几何轴心旋转的磁场，这个磁场驱动转子上的永磁磁钢转动，实现电机输出轴转动[122]。电机的性能不仅与磁钢数量、磁钢磁通强度、电机输入电压大小等因素有关。而且与无刷电机的控制性能有关，因为输入的是直流电，电流需要通过电子调速器将其变成三相的交流电。

直流无刷电机按照是否使用传感器分为有感的和无感的[123]。有感的直流无刷电机必须使用转子位置传感器来监测其转子的位置。直流无刷电机的输出信号经过逻辑变换后去控制开关管的通断，使电机定子各相绕组按顺序导通，保证电机连续工作[124]。转子位置传感器也由定、转子部分组成，转子位置传感器的转子部分与电机本体同轴，可跟踪电机本体转子的位置；转子位置传感器的定子部分固定在电机本体的定子或端盖上，以感受和输出电机转子的位置信号[125]。转子位置传感器的主要技术指标：输出信号的幅值、精度、响应速度、工作温度、抗干扰能力、损耗、体积、重量、安装方便性以及可靠性等[126]。其种类包括磁敏式、电磁式、光电式、接近开关式、正弦机余弦旋转变压器式以及编码器等，其中最常用的是霍尔磁敏传感器。

直流无刷电机具有响应快、启动转矩大，并且具备从零转速至额定转速期间可提供额定转矩的性能。但是，直流无刷电机的优点也正是它的缺点，因为直流无刷电机要实现额定负载下恒定转矩的性能，则电枢磁场与转子磁场必须维持在90°，这就要借助碳刷及整流子[127]。碳刷及整流子在电机转动时会产生火花，除了会造成组件损坏之外，其使用场合也受到限制。交流电机没有碳刷及整流子，不需维护、坚固耐用、应用广泛，但是在特性上要达到相当于直流无刷电机的性能则必须采用复杂的控制技术。目前，半导体技术发展迅速，功率组件切换频率加快了许多，能够大幅度提升驱动电机的性能。微处理机速度也越来越快，可实现将交流电机控制置于一个旋转的两轴笛卡儿坐标系统中，适当控制交流电机在两轴的电流分量，达到类似直流无刷电机控制并有与直流无刷电机相当的性能[128]。

3）直流无刷电机的应用范围

直流无刷电机的应用十分广泛，汽车、电动工具、工业控制、自动化设备以及航空航天系统等都能看到其身影。总的来说，直流无刷电机主要有以下三种用途。

（1）持续负载应用。主要是需要一定转速但是对转速精度要求不高的领域，如风扇、抽水机、吹风机等一类的应用，这类应用成本较低并且多为开环控制[129]。

（2）可变负载应用。主要是转速需要在某个范围内变化的应用，对电机转速特性和动态响应时间特性有更高的需求。例如，家用洗衣机甩干机和压缩机就是很好的实例子，汽车工业领域中的油泵控制、电控制器、发动机控制等，这类应用的系统成本相对更高些。

（3）定位应用。大多数工业控制和自动控制方面的应用都属于这个类别。这类应用中往往会完成能量的输送，所以对转速的动态响应和转矩有特别的要求，对控制器的要求也较高。

4）直流无刷电机的控制策略

直流无刷电机示意图如图 2－30 所示。

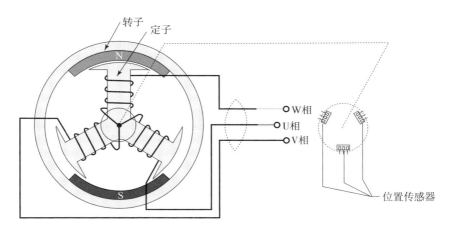

图 2－30　直流无刷电机转动示意图

直流无刷电机常用逆变器为电压源逆变器（VSI）。电压源逆变器对应的是电流源逆变器（CSI）[130]。VSI 之所以运用较为广泛，是因为其成本、重量、动态性能和控制精度均优于 CSI。两种逆变器在重量和成本方面的差异是由于 VSI 采用电容器进行直流耦合，而 CSI 需要在整流器和逆变器之间连接笨重的电抗器。VSI 在动态响应能力上也与 CSI 有所不同。连接电抗器是为了满足 CSI 作为恒电流源需要较大的换向重叠角，以防止电机绕组中电流过快变化，进而抑制电机的高速伺服运行。但是，这样就会加大驱动系统中阻尼器的尺寸。对于 CSI 所期望得到的恒电流控制和恒转矩控制性能，在 VSI 中，也可通过其内部的电流控制环中滞后型电流控制而近似得到。

图 2－31 所示为直流无刷电机经典的转速和位置控制方案方框图。如果仅仅期望转速控制，可以将位置控制器和位置反馈电路去掉。通常在高性能的位置控制器中位置和转速传感器都是需要的。如果仅有位置传感器而没有转速传感器，那就要求检测位置信号的差异，在模拟系统中就要导致噪声的放大；而在数字系统中这不是问题。对于位置和转速控制的直流无刷电机，位置传感器或其他获取转子位置信息的元件是必须配置的。

许多高性能的应用场合为了实现转矩控制还需要进行电流反馈，至少需要汇线电流反馈来防止电机和驱动系统过流。这时，适当添加内电流闭环控制就能快速实现电流源逆变器那样的性能，而不需要添加直流耦合电抗器，驱动中的直流电压调节也可由作用类似直流电源的可控整流器来实现。

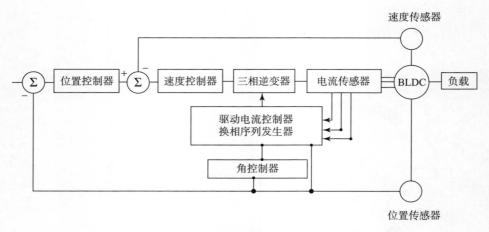

图 2-31　经典转速和位置控制直流无刷电机系统方框图

5）直流无刷电机的特点

（1）可替代直流电机调速、变频器＋变频电机调速、异步电机＋减速机调速[131]。

（2）具有传统直流电机的优点，同时又取消了碳刷和滑环结构。

（3）可以低速大功率运行，可以省去减速机直接驱动大的负载。

（4）体积小、重量轻、出力大。

（5）转矩特性优异，中、低速转矩性能好，启动转矩大，启动电流小。

（6）可以无级调速，调速范围广，过载能力强。

（7）软启软停，制动特性好，可省去原有的机械制动或电磁制动装置[132]。

（8）效率高，电机本身没有励磁损耗和碳刷损耗，消除了多级减速损耗，综合节电率可达 20%~60%。

（9）可靠性高，稳定性好，适应性强，维修与保养简单。

（10）耐颠簸和振动，噪声低，振动小，运转平滑，寿命长。

（11）不产生火花，特别适合爆炸性场所。

（12）根据需要可选梯形波磁场电机和正弦波磁场电机。

2.5.2　步进电机

步进电机（见图 2-32）是一种将电脉冲信号转变为角位移或线位移的开环控制驱动器件，是现代数字程序控制系统中的主要执行元件，应用极为广泛。在非超载的情况下，步进电机的转速、停止位置只取决于脉冲信号的频率和数量，不受负载变化的影响。当步进驱动器接收到一个脉冲信号后，它就驱动步进电机按设定的方向转动一个固定的角度（称为"步距角"）[133]。步进电机的旋转是以固定的角度一步一步运行的[134]。人们可以通过控制脉冲个数来控制步进电机的角位移量，从而达到准确定位的目的；同时还可以通过控制脉冲频率来控制步进电机转动的速度和加速度，从而达到调速的目的。通过改变绕组通电的顺序，步进电机就会反转[135]。所以可用控制脉冲数量、频率及电动机各相绕组的通电顺序来控制步进电机的转动。

步进电机是一种感应电机，步进电机的结构如图 2 - 33 所示。步进电机的工作原理是利用电子电路将直流电变成分时供电的多相时序控制电流，再用这种电流为自己供电，这样步进电机才能正常工作，驱动器就是为步进电机分时供电的多相时序控制器[136]。

图 2 - 32 步进电机与驱动器   图 2 - 33 步进电机结构图

1. 步进电机的主要分类

步进电机在构造上有三种主要类型，分别为反应式（Variable Reluctance，VR）、永磁式（Permanent Magnet，PM）和混合式（Hybrid Stepping，HS）[137]。

（1）反应式步进电机。该类型步进电机定子上有绕组，转子由软磁材料组成。这种电机结构简单，成本低廉，步距角小，可达 1.2°，但是动态性能较差，效率低，发热大，可靠性难以保证。

（2）永磁式步进电机。该类型步进电机的转子用永磁材料制成，转子的极数与定子的极数相同。这种电机动态性能好，输出力矩大，但精度差，步距角大（一般为 7.5°或 15°）。

（3）混合式步进电机。该类型步进电机综合了反应式和永磁式步进电机的优点，定子上有多相绕组，转子采用永磁材料制成，转子和定子上均设有多个小齿以提高步距精度。这种电机输出力矩大，动态性能好，步距角小，但是是结构比较复杂，生产成本也相对较高。

虽然步进电机已被广泛应用，但是它不能像普通的直流电机、交流电机那样可在常规下使用，它必须在由双环形脉冲信号、功率驱动电路等组成的控制系统控制下使用。因此利用步进电机加工制作也非易事，涉及机械、电机、电子及计算机等许多专业知识[138]。

步进电机作为执行元件，是机电一体化系统中的关键器件之一，广泛应用在各种自动化控制系统中[139]。随着微电子和计算机技术的发展，步进电机的需求量与日俱增，在国民经济各个领域中都有大量应用。

2. 步进电机的控制技术

作为一种控制用的特种电机，步进电机无法直接连接到直流或交流电源上工作，必须使用专门的驱动电源和步进电机驱动器[140]。

由于步进电机是一个把电脉冲转换成离散的机械运动的装置，具有很好的数据控制特性，因此，计算机成为步进电机的理想驱动源。随着微电子和计算机技术的发展，软/硬件结合的步进电机控制方式成为主流，即通过程序产生控制脉冲，驱动硬件电路。单片机通过软件控制步进电机，更好地挖掘出了步进电机的潜力。因此，用单片机控制步进电机已经成为一种必然趋势。

3. 步进电机的选择

步进电机的步距角（涉及相数）、静转矩和电流是其三大要素。一旦三大要素确定了，步进电机的型号便确定下来了。

1）步距角的选择

步进电机的步距角取决于负载精度的要求，将负载的最小分辨率（当量）换算到电机轴上，每个当量电机轴应走多少角度（包括减速）[141]。电机的步距角应等于或小于此角度[142]。

2）静力矩的选择。

步进电机的动态力矩很难轻易确定，人们往往先确定其静力矩。静力矩选择的依据是步进电机工作的负载，而负载可分为惯性负载和摩擦负载两种。单一的惯性负载和单一的摩擦负载是不存在的。直接启动时（一般由低速）这两种负载均要考虑，加速启动时主要考虑惯性负载，恒速运行时只需考虑摩擦负载[143]。一般情况下，静力矩应为摩擦负载的 2～3 倍，静力矩一旦选定，步进电机的机座及长度便能确定下来（几何尺寸）。

静力矩是选择步进电机的主要参数之一。一般情况下，负载大时，需要采用大力矩电机。当然，力矩指标大时，电机的外形也大。

3）电流的选择。

静力矩相同的电机，由于电流参数不同，其运行特性差别很大，可以依据矩频特性曲线图来判断电机的电流。

当转速要求高时，应选择相电流较大、电感较小的电机，以增加功率输入，并且在选择驱动器时采用较高的供电电压。

确定定位精度和振动方面的要求情况：判断是否需细分，需多少细分。根据电机的电流、细分和供电电压选择驱动器。

4. 步进电机的特点与特性

1）主要特点：

（1）一般步进电机的精度为步距角的 3% ~ 5%，且不累积。

（2）步进电机温度过高时会使电机的磁性材料退磁，从而导致力矩下降乃至于失步，因此电机外表允许的最高温度取决于不同电机磁性材料的退磁点。一般来讲，磁性材料的退磁点都在 130℃ 以上，有的甚至高达 200℃ 以上，所以步进电机外表温度在 80 ~ 90℃ 时完全正常[144]。

（3）步进电机的力矩会随转速的升高而下降。当步进电机转动时，电机各相绕组的电感将形成一个反向电动势；频率越高，反向电动势越大[145]。在电动势的作用下，电机随频率（或速度）的增大而相电流减小，从而导致力矩下降[146]。

（4）步进电机在低速时可以正常运转，但若高于一定速度就无法启动，并伴有啸叫声。

步进电机有一个技术参数：空载启动频率，即步进电机在空载情况下能够正常启动的脉冲频率。如果脉冲频率高于该值，电机就不能正常启动，可能发生失步或堵转[147]。在有负载的情况下，启动频率应更低。如果要使电机达到高速转动，脉冲频率应该有加速过程，即启动频率较低，然后按一定加速度升到所希望的高频（电机转速从低速升到高速）。

步进电机以其显著的特点，在数字化制造时代发挥着重大的作用。伴随着不同的数字化技术的发展和步进电机本身技术的提高，步进电机将会在国民经济建设更多的领域中得到应用[148]。

2）主要特性

（1）步进电机必须加驱动才可以运转，驱动信号必须为脉冲信号[149]。没有脉冲时，步进电机静止，如果加入适当的脉冲信号，就会以一定的角度转动。转动的速度与脉冲的频率成正比。

（2）步进电机的步距角为 7.5°，一圈360°，需要48 个脉冲完成。

（3）步进电机具有瞬间启动和急速停止的优越特性。

（4）改变脉冲的顺序，可以十分方便地改变转动的方向。

因此，打印机、绘图仪、机器人等设备都以步进电机为动力核心。

5. 步进电机的控制策略

1）比例、微分、积分（PID）控制。

PID 控制作为一种简单而实用的控制方法在步进电机驱动中获得了广泛的应用。它根据给定值与实际输出值构成控制偏差，将偏差的比例、积分和微分通过线性组合构成控制量，然后对被控对象进行控制[150]。文献［151］将集成位置传感器用于二相混合式步进电机中，以位置检测器和矢量控制为基础，设计出了一个可自动调节的 PI 速度控制器。此控制器在变工况条件下能提供令人满意的瞬态特性。文献［152］根据步进电机的数学模型，设计了步进电机的 PID 控制系统，采用 PID 控制算法得到控制量，从而控制电机向指定位置运动。最后，通过仿真验证了该控制具有较好的动态响应特性。采用 PID 控制器具有结构简单、稳健性强、可靠性高等优点，但是它无法有效应对系统中的不确定信息。

目前，PID 控制多与其他控制策略结合，形成带有智能的新型复合控制。这种智能复合控制具有自学习、自适应、自组织的能力，能够自动辨识被控过程参数，自动整定控制参数，适应被控过程参数的变化，同时又具有常规 PID 控制器的特点。

2）自适应控制。

自适应控制是 20 世纪 50 年代发展起来的一种自动控制技术。随着控制对象的复杂化，控制对象可能会出现动态特性不可知或发生变化不可预测等情况，为了解决这些问题，需要研究高性能的控制器，自适应控制就应运而生了。其主要优点是容易实现和自适应速度快，能有效地克服电机模型参数缓慢变化所引起的影响。文献［153］根据步进电机的线性或近似线性模型推导出了全局稳定的自适应控制算法，但是这些控制算法都严重依赖于电机模型参数。文献［154］将闭环反馈控制与自适应控制结合起来检测转子的位置和速度，通过反馈和自适应处理，按照优化的升降运行曲线，自动地发出驱动脉冲串，提高了电机的拖动力矩特性，同时使电机获得更精确的位置控制和较高和较平稳的转速。

目前，很多学者将自适应控制与其他控制方法相结合，以解决单纯自适应控制的缺点。文献［155］设计的稳健自适应低速伺服控制器，确保了转动脉矩的最大化补偿及伺服系统低速高精度的跟踪控制性能。文献［156］研制的自适应模糊 PID 控制器可以根据输入误差和误差变化率的变化，通过模糊推理在线调整 PID 参数，实现对步进电机的自适应控制，从而有效地提高了系统的响应时间、计算精度和抗干扰性。

3）矢量控制。

矢量控制是现代电机高性能控制的理论基础，可以改善电机的转矩控制性能。它通过磁场定向将定子电流分为励磁分量和转矩分量分别加以控制，从而获得良好的解耦特性。因此，矢量控制既需要控制定子电流的幅值，又需要控制电流的相位。由于步进电机不仅存在主电磁转矩，还有由于双凸结构产生的磁阻转矩，且内部磁场结构复杂，非线性状况比一般电机要严重得多，所以它的矢量控制也较为复杂。文献［157］推导出了二相混合式步进电机 d – q 轴数学模型，以转子永磁磁链为定向坐标系，令直轴电流 $i_d = 0$，电动机电磁转矩与 i_q 成正比，用 PC 实现了矢量控制系统。系统中使用传感器检测电机的绕组电流和转子位置，用 PWM 方式控制电机的绕组电流。文献［158］推导出基于磁网络的二相混合式步进电机模型，给出了其矢量控制位置伺服系统的结构，采用神经网络模型参考自适应控制策略对系统中的不确定因素进行实时补偿，通过最大转矩/电流矢量控制实现了电机的高效控制。

4）智能控制。

智能控制不依赖或不完全依赖控制对象的数学模型，只按实际效果进行控制，在控制中有能力考虑系统的不确定性和精确性，突破了传统控制必须基于数学模型展开的桎梏。目前，智能控制在步进电机系统中应用较为成熟的是模糊控制和神经网络控制。

（1）模糊控制。模糊控制就是在被控制对象模糊模型基础上，运用模糊控制器近似推理等手段实现系统控制。作为一种直接模拟人类思维结果的控制方式，模糊控制已经广泛应用于工业控制领域。与常规控制方式相比，模糊控制无须精确的数学模型，具有较强的稳健性和自适应性，因此适用于非线性、时变、时滞系统的控制。文献［159］给出了模糊控制在二相混合式步进电机速度控制中的应用实例。时滞系统为超前角控制，设计时无须数学模型，响应时间短。

（2）神经网络控制。神经网络是利用大量的神经元按一定的拓扑结构和学习调整方法进行工作的。它可以充分逼近任意复杂的非线性系统，能够学习和自适应未知或不确定的系统，具有很强的鲁棒性和容错性，因而在步进电机系统中得到了广泛的应用。文献［160］将神经网络用于实现步进电机最佳细分电流，在学习中使用 Bayes 正则化算法，使用权值调整技术避免多层前向神经网络陷入局部极小点，有效解决了等步距角细分的问题。

6. 步进电机的优缺点

1）优点

（1）步进电机旋转的角度正比于脉冲数；

（2）步进电机停转的时候具有最大的转矩（当绕组激磁时）；

（3）由于每步的精度为 3% ~ 5%，而且不会将上一步的误差累积到下一步，因而具有较好的位置精度和运动的重复性[161]；

（4）优秀的启、停和反转响应；

（5）由于没有电刷，可靠性较高，步进电机的寿命仅仅取决于轴承的寿命；

（6）步进电机的响应仅由数字输入脉冲确定，因而可以采用开环控制，这使得电机的结构比较简单、成本低廉；

（7）仅仅将负载直接连接到步进电机的转轴上也可以实现极低速同步旋转；

（8）由于速度正比于脉冲频率，因而有比较宽的转速范围。

2）缺点

（1）如果控制不当容易产生共振；

（2）难以获得较高的转速；

（3）难以获得较大的转矩；

（4）在体积和重量方面没有优势，能源利用率低；

（5）超过负载时会破坏同步性，高速工作时会产生振动和噪声。

2.5.3　伺服电机

伺服电机（Servo Motor）是指在伺服系统中控制机械元件运转的电机，是一种辅助马达间接变速装置[162]。伺服电机（外形见图 2 – 34，结构见图 2 – 35）是将输入的电压信号（控制电压）转换为转矩和转速以驱动控制对象。其转子的转速受输入信号的控制，并能快速反应，在自动控制系统中通常用作执行元件，具有机电时间常数小、线性度高等优点[163]。伺服电机能够把所收到的电信号转换成电动机轴上的角位移或角速度输出。伺服电机可分为直流伺服电机和交流伺服电机两大类，其主要特点是，当信号电压为零时无自转现象，转速随着转矩的增加而匀速下降[164]。

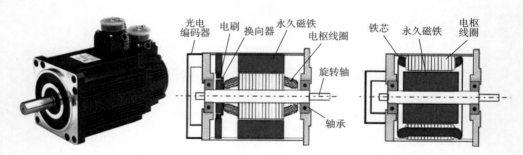

图 2 – 34　伺服电机　　　　图 2 – 35　伺服电机结构示意图

1. 伺服电机的工作原理

伺服系统是使物体的位置、方位、状态等输出被控量能够跟随输入目标（或给定值）的任意变化的自动控制系统[165]。伺服电机主要靠脉冲来定位，基本上可以这样理解：伺服电机接收到一个脉冲，就会旋转一个脉冲对应的角度，从而实现位移。因为伺服电机本身具备发出脉冲的功能，所以伺服电机每旋转一个角度，都会发出对应数量的脉冲。这样，与伺服电机接收的脉冲形成了呼应，或者称为闭环[166]。如此一来，系统就会知道发了多少脉冲给伺服电机，同时又接收了多少脉冲回来，于是能够十分精确地控制电机的转动，从而实现准确的定位，其定位精度可达 0.001 mm。直流伺服电机可分为有刷的和无刷的[167]两种。有刷电机成本低，结构简单，启动转矩大，调速范围宽，控制容易，但是需要维护，且维护不方便（换碳刷），容易产生电磁干扰，对环境要求较高[168]。因此，它可以用于对成本敏感的普通工业和民用场合。无刷电机体积小，重量轻，出力大，响应快，速度高，惯量小，转动平滑，力矩稳定，控制复杂，容易实现智能化，其电子换相方式灵活，可以方波换相或正弦波换相。同时电机免维护，效率很高，运行温度低，电磁辐射小，工作寿命长，可用于各种环境。

交流伺服电机和直流伺服电机在功能上存在着一定的区别，交流伺服电机采用正弦波控制，转矩脉动小[169]。直流伺服电机采用梯形波控制，转矩脉动大，但是控制比较简单，成本也更低廉[170]。

伺服电机内部的转子采用永磁铁制成，驱动器控制的 U/V/W 三相电流形成电磁场，转子在此磁场的作用下转动，同时电机自带的编码器反馈信号给驱动器，驱动器根据反馈值与目标值进行比较，调整转子转动的角度。伺服电机的精度取决于编码器的精度（线数）[171]。

2. 伺服电机的发展历史

自从德国力士乐（Rexroth）公司的 Indramat 分部在 1978 年汉诺威国际贸易博览会上正式推出 MAC 永磁交流伺服电机和驱动系统以后，这种新一代交流伺服技术很快就进入了实用化阶段[172]。到 20 世纪 80 年代中后期，各公司都已有完整的系列产品。整个伺服装置市场都转向了交流系统。早期的模拟系统在零漂、抗干扰、可靠性、精度和柔性等方面存在着不足，尚不能完全满足运动控制的要求[173]。近年来，随着微处理器、数字信号处理器（DSP）的应用，出现了数字控制系统，控制功能可完全由软件实现，相应的伺服控制系统分别称为直流伺服系统和三相永磁交流伺服系统[174]。

到目前为止，高性能的电机伺服系统大多采用永磁同步交流伺服电机，控制驱动器多采用快速、准确定位的全数字位置伺服系统[175]。典型的生产厂家包括德国西门子、美国科尔摩根（Kollmorgen）和日本松下及安川等公司。

日本安川电机制作所推出了一系列的小型交流伺服电机和驱动器，其中 D 系列适用于数控机床（最高转速为 1 000 r/min，力矩为 0.25～2.8 N·m），R 系列适用于机器人（最高转速为 3 000 r/min，力矩为 0.016～0.16 N·m）。之后又推出 M、F、S、H、C、G 6 个系列。20 世纪 90 年代，先后开发了新的 D 系列和 R 系列。由旧系列采用矩形波驱动，8051 单片机控制改为正弦波驱动、80C、154CPU 和门阵列芯片控制，力矩波动由 24% 降低到 7%，并提高了可靠性。这样，只用了几年时间就形成了 8 个系列（功率范围为 0.05 ~ 6 kW）比较完整的体系，满足了工作机械、搬运机构、焊接机械人、装配机器人、电子部件、加工机械、印刷机、高速卷绕机、绕线机等的不同需要。

以生产机床数控装置而著名的日本发那科（Fanuc）公司，在 20 世纪 80 年代中期也开发了 S 系列（13 个规格）和 L 系列（5 个规格）的永磁交流伺服电动机。L 系列有较小的转动惯量和机械时间常数，适用于响应速度要求特别快的位置伺服系统。

日本其他厂商，例如，三菱电机（HC – KFS、HC – MFS、HC – SFS、HC – RFS 和 HC – UFS 系列）、东芝精机（SM 系列）、大隈铁工所（BL 系列）、三洋电气（BL 系列）、立石电机（S 系列）等众多厂商也进入了永磁交流伺服系统的竞争行列。

德国力士乐公司 Indramat 分部的 MAC 系列交流伺服电动机共有 7 个机座号和 92 个规格。

德国西门子（Siemens）公司的 IFT5 系列三相永磁交流伺服电动机分为标准型和短型两大类，共 8 个机座号 98 种规格。据称该系列交流伺服电动机与相同输出力矩的直流伺服电动机 IHU 系列相比，重量只有后者的 1/2，配套的晶体管脉宽调制驱动器 6SC61 系列，最多的可供 6 个轴的电动机控制。

德国博世（BOSCH）公司生产铁氧体永磁的 SD 系列（17 个规格）和稀土永磁的 SE 系列（8 个规格）交流伺服电动机和 Servodyn SM 系列的驱动控制器。

美国著名的伺服装置生产公司 Gettys 曾一度作为 Gould 电子公司一个分部，生产 M600 系列的交流伺服电动机和 A600 系列的伺服驱动器。后来该分部合并到 AEG，恢复了 Gettys 名称，研制出 A700 全数字化的交流伺服系统。

美国 A – B（ALLEN – BRADLEY）公司驱动分部生产 1326 型铁氧体永磁交流伺服电动机和 1391 型交流 PWM 伺服控制器。电动机包括三个机座号共 30 个规格。

Industrial Drives 是美国 Kollmorgen 公司的工业驱动分部，曾生产 BR – 210、BR – 310 和 BR – 510 三个系列共 41 个规格的无刷伺服电动机和 BDS3 型伺服驱动器。自 1989 年起研制出了全新系列设计的永磁交流伺服电动机，包括 B（小惯量）、M（中惯量）和 EB（防爆型）三大类，有 10、20、40、60、80 五种机座号，每大类有 42 个规格，全部采用钕铁硼永磁材料，力矩范围为 0.84 ~ 111.2 N·m，功率范围为 0.54 ~ 15.7 kW。配套的驱动器有 BDS4（模拟型）、BDS5（数字型、含位置控制）和 Smart Drive（数字型）三个系列，最大连续电流 55 A。其中，Goldline 系列代表了当代永磁交流伺服技术最新水平。

法国 Alsthom 集团在巴黎 Parvex 工厂生产 LC 系列（长型）和 GC 系列（短

型）交流伺服电机共 14 个规格，并生产 AXODYN 系列驱动器。

近年日本松下公司开发的全数字型 MINAS 系列交流伺服系统，其中永磁交流伺服电机有 MSMA 系列小惯量型，功率为 0.03 ~ 5 kW，共 18 种规格；中惯量型有 MDMA、MGMA、MFMA 三个系列，功率为 0.75 ~ 4.5 kW，共 23 种规格；MHMA 系列大惯量电动机的功率范围为 0.5 ~ 5 kW，有 7 种规格。

韩国三星公司近年开发出全数字永磁交流伺服电机及驱动系统，其中 FAGA 交流伺服电机系列有 CSM、CSMG、CSMZ、CSMD、CSMF、CSMS、CSMH、CSMN、CSMX 多种型号，功率为 15 W ~ 5 kW。

3. 伺服电机的选型分析

1）交流伺服电动机

交流伺服电动机定子的构造基本上与电容分相式单相异步电动机相似，其定子上装有两个位置互差 90°的绕组[176]。

交流伺服电动机的转子通常做成鼠笼式，但是为了使电动机具有较宽的调速范围、线性的机械特性、无"自转"现象和快速响应的性能，其自身就应当具有转子电阻大和转动惯量小这两个特点。目前，应用较多的转子结构有两种形式：一种是采用高电阻率的导电材料做成的高电阻率导条的鼠笼转子，为了减小转子的转动惯量，专门将转子做得细长；另一种是采用铝合金制成的空心杯形转子，杯壁很薄，仅 0.2 ~ 0.3 mm，为了减小磁路的磁阻，要在空心杯形转子内部放置固定的内定子。空心杯形转子的转动惯量很小，反应迅速，而且运转平稳，因此得到广泛采用。

交流伺服电动机在没有控制电压时，定子内只有励磁绕组产生的脉动磁场，转子静止不动。当有控制电压时，定子内便产生一个旋转磁场，转子沿旋转磁场的方向旋转，在负载恒定的情况下，电动机的转速随控制电压的大小而变化，当控制电压的相位相反时，电动机就将反转。

2）永磁交流伺服电动机。

20 世纪 80 年代以来，随着集成电路、电力电子技术和交流可变速驱动技术的迅猛发展，永磁交流伺服驱动技术有了突出的进步。各国著名电气厂商相继推出各自的交流伺服电动机和伺服驱动器系列产品，并不断进行完善和更新。交流伺服系统已成为当代高性能伺服系统的主要发展方向，使原来的直流伺服系统面临危机。90 年代以后，世界各国已经商品化了的交流伺服系统均是采用全数字控制的正弦波电动机伺服驱动。交流伺服驱动装置在传动领域中呈现出日新月异的发展态势。

永磁交流伺服电动机同直流伺服电动机比较，主要优点如下：

（1）无电刷和换向器，工作可靠，对维护和保养要求低；

（2）定子绕组散热比较方便；

（3）惯量小，易于提高系统响应的快速性；

（4）适应于高速大力矩工作状态；

（5）同功率下有较小的体积和重量。

交流伺服电动机的工作原理与分相式单相异步电动机虽然相似，但前者的转子电阻比后者大得多。

4. 伺服电机与步进电机的性能比较

步进电机作为一种开环控制的系统与现代数字控制技术有着本质的联系。在目前国内的数字控制系统中，步进电机的应用十分广泛[177]。随着全数字式交流伺服系统的出现，交流伺服电机也越来越多地应用于数字控制系统中。为了适应数字控制的发展趋势，运动控制系统中大多采用步进电机或全数字式交流伺服电机作为执行元件[178]。虽然两者在控制方式上相似（脉冲串和方向信号），但是在使用性能和应用场合上还是存在着较大的差异[179]。下面，对二者的使用性能进行比较。

1）控制精度不同。

两相混合式步进电机步距角一般为 1.8° 和 0.9°，五相混合式步进电机步距角一般为 0.72° 和 0.36°，还有一些高性能的步进电机通过细分后步距角更小。例如，日本三洋公司（SANYO DENKI）生产的二相混合式步进电机其步距角可通过拨码开关设置为 1.8°、0.9°、0.72°、0.36°、0.18°、0.09°、0.072°、0.036°，兼容了两相和五相混合式步进电机的步距角。

交流伺服电机的控制精度由电机轴后端的旋转编码器保证。以三洋公司全数字式交流伺服电机为例，对于带标准 2 000 线编码器的电机而言，由于驱动器内部采用了四倍频技术，其脉冲当量为 $360°/8\ 000 = 0.045°$。对于带 17 位编码器的电机而言，驱动器每接收 131 072 个脉冲电机轴转一圈，即其脉冲当量为 $360°/131\ 072 = 0.002\ 746\ 6°$，是步距角为 1.8° 的步进电机的脉冲当量的 $1/655$[180]。

2）低频特性不同。

步进电机在低速时易出现低频振动现象。振动频率与负载情况和驱动器性能有关，一般认为振动频率为电机空载起跳频率的 1/2。这种由步进电机的工作原理所决定的低频振动现象对于机器的正常运转非常不利。当步进电机工作在低速时，一般应采用阻尼技术来克服低频振动现象，如在电机上加阻尼器，或在驱动器上采用细分技术等。

交流伺服电机运转非常平稳，即使在低速时也不会出现振动现象[181]。交流伺服系统具有共振抑制功能，可涵盖机械的刚性不足，并且系统内部具有频率解析机能（FFT），可以检测出机械的共振点，便于系统调整。

3）矩频特性不同。

步进电机的输出力矩随转速升高而下降，并且在较高转速时会急剧下降，所以其最高工作转速一般为 300 ~ 600 r/min[182]。交流伺服电机为恒力矩输出，即在其额定转速（一般为 2 000 r/min 或 3 000 r/min）以内，都能输出额定力矩，在额定转速以上为恒功率输出[183]。

4）过载能力不同。

步进电机一般不具有过载能力，而交流伺服电机具有较强的过载能力。以三洋公司交流伺服系统为例，它具有速度过载和力矩过载能力。其最大力矩为额定力矩的 2 ~ 3 倍，可用于克服惯性负载在启动瞬间的惯性力矩。步进电机因为没有这种过载能力，在选型时为了克服惯性力矩，往往需要选取较大力矩的电机，而机器在正常工作期间又不需要那么大的力矩，因而出现力矩浪费的现象[184]。

5）运行性能不同。

步进电机的控制为开环控制，启动频率过高或负载过大时容易出现丢步或堵转的现象，停止时转速过高又容易出现过冲的现象。所以为了保证其控制精度，应处理好升、降速问题。交流伺服驱动系统为闭环控制，驱动器可直接对电机编码器反馈信号进行采样，内部构成位置环和速度环，一般不会出现步进电机的丢步或过冲的现象，控制性能更为可靠[185]。

6）速度响应性能不同。

步进电机从静止加速到工作转速（一般为每分钟几百转）需要 200 ~ 400 ms[186]。交流伺服系统的加速性能较好，以三洋公司 400 W 交流伺服电机为例，从静止加速到其额定转速 3 000 r/min 仅需几毫秒，可用于要求快速启、停的控制场合。

综上所述，交流伺服系统在许多性能方面都优于步进电机。但是在一些要求不高的场合也经常用步进电机来做执行元件。所以，在控制系统的设计过程中要综合考虑控制要求、成本等多方面的因素，选用适当的电机。

2.5.4 舵机

舵机是一种位置（角度）伺服的驱动器，适用于那些需要角度不断变化并可以保持的控制系统[187]。目前，在高档遥控玩具，如飞机模型、潜艇模型、遥控机器人中已经得到了普遍应用。舵机（见图 2－36）最早用于航模制作。航模飞行姿态的控制

图 2－36 各种舵机

就是通过调节发动机和控制各个舵面来实现的。

大家在机器人和电动玩具中见到过这类舵机，至少也听到过它转起来时那种与众不同的"吱吱吱"声[188]。它就是舵机，常用在机器人、电影效果制作和木偶控制当中。

典型的舵机是由直流电动机、减速齿轮组、传感器和控制电路组成的一套自动控制系统[189]。通过发送信号，指定舵机输出轴的旋转角度实现舵机的转动可控。一般而言，舵机都有最大的旋转角度（如180°）[190]。其与普通直流电动机的区别主要在于：直流电动机是连续转动，而舵机却只能在一定角度范围内转动，不能连续转动（数字舵机除外，它可以在舵机模式和电动机模式中自由切换）；普通直流电动机无法反馈转动的角度信息，而舵机却可以。此外，它们的用途也不同，普通直流电动机一般是整圈转动，作为动力装置使用；舵机是用来控制某物体转动一定的角度（如机器人的关节），作为调整控制器件使用。

舵机分解图如图2-37所示，它主要是由外壳、传动轴、齿轮传动、电动机、电位计、控制电路板元件所构成。其主要工作原理是：由控制电路板发出信号并驱动电动机开始转动，通过齿轮传动装置将动力传输到传动轴，同时由电位计检测送回的信号，判断是否已经到达指定位置[191]。

简言之，舵机工作时，控制电路板接收来自信号线的控制信号，控制舵机转动，舵机带动一系列齿轮组，经减速后传动至输出舵盘[192]。舵机的输出轴和

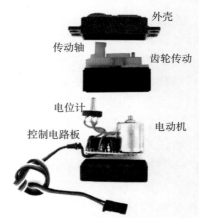

图2-37 舵机分解结构图图

位置反馈电位计是相连的，舵盘转动的同时，带动位置反馈电位计，电位计输出一个电压信号到控制电路板进行反馈，然后控制电路板根据所在位置决定电动机的转动方向和速度，实现控制目标后即告停止。

舵机控制板主要是用来驱动舵机和接收电位计反馈回来的信息。电位计的作用主要是通过其旋转后产生的电阻变化，把信号发送回舵机控制板，使其判断输出轴角度是否输出正确[193]。减速齿轮组的主要作用是将力量放大，使小功率电动机产生大转矩。舵机输出转矩经过一级齿轮放大后，再经过二、三、四级齿轮组，最后通过输出轴将经过多级放大的转矩输出。图2-38所示为舵机的四级齿轮减速增力机构，就是通过这么一级级地把小的力量放大，使得一

个小小的舵机能有 15 kg · cm[①] 的转矩。

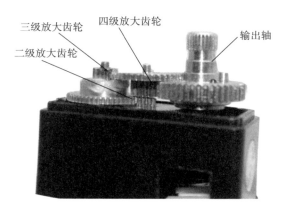

三级放大齿轮　四级放大齿轮　输出轴

二级放大齿轮

图 2 – 38　舵机多级齿轮减速机构

　　为了适合不同的工作环境，舵机还有采用防水及防尘设计的类型，并且因应不同的负载需求，所用的齿轮有塑料齿轮、混合材料齿轮和金属齿轮之分。比较而言，塑料齿轮成本低、传动噪声小，但强度弱、转矩小、寿命短；金属齿轮强度高、转矩大、寿命长，但成本高，在装配精度一般时传动中会有较大的噪声。小转矩舵机、微型舵机、转矩大但功率密度小的舵机一般都采用塑料齿轮，如 Futaba 3003、辉盛的 9 g 微型舵机均采用塑料齿轮[194]。金属齿轮一般用于功率密度较高的舵机上，如辉盛的 995 舵机，该舵机在和 Futaba 3003 同样大小体积的情况下却能提供 13 kg · cm 的转矩。少数舵机，如 Hitec，甚至用钛合金作为齿轮材料，这种像 Futaba 3003 大小的舵机能提供 20 kg · cm 的转矩，堪称小块头的"大力士"。使用混合材料齿轮的舵机其性能处于金属齿轮舵机和塑料齿轮舵机之间。

　　由于舵机采用多级减速齿轮组设计，使得舵机能够输出较大的转矩。正是由于舵机体积小、输出力矩大、控制精度高的特点满足了小型仿生机器人对于驱动单元的主要需求，所以舵机在本书介绍的小型仿龟机器人中得到了采用，拟由它们为本书介绍的小型仿龟机器人提供驱动力或驱动转矩。

———————————

① 　1 kg · cm ≈ 0. 098 N · m。

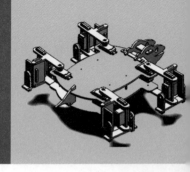

第**3**章

仿龟机器人的设计要点

上面已经对仿龟机器人所涉及的一些基础知识、相关技能，以及适用工具进行了系统阐述与深入剖析，从本章开始将会具体介绍仿龟机器人如何完成从单个零件的设计到部件的组装，以至机器人的全系统装配。青少年学生们可以通过以上学习，加强自己实际动手加工零件、亲自组装机器人整体系统的能力。

3.1　仿龟机器人的系统构想

众所周知，生物具有的功能比迄今为止任何人工制造的机械装备所具有的功能都完备得多。经过千百万年的演化与完善，哺乳类动物的骨骼结构、行走模式、控制机理等都已达到适应环境的最高水平。现代哺乳动物的骨骼结构、组成成分及密度分布都经受住了长期的考验，已经进化到尽善尽美的程度，具有很强的环境适应性，在合理受力的同时还最大限度地优化了体积和重量。研究动物的骨骼，特别是四足哺乳动物的骨骼结构，在其基础上进行仿生构型设计，对仿龟机器人的结构设计具有重要的指导意义和借鉴价值。本章将重点介绍在仿龟机器人设计时，如何在仿生学研究的基础上进行机器人的结构设计，并完成其三维实体造型。

3.2 仿龟机器人腿部自由度的确定

通过对乌龟的外形结构分析与运动特性考量，可以将仿龟机器人的主体结构分为三个组成部分，即头部、躯干和四肢。其中躯干又可分为上部和下部。仿龟机器人的结构件应考虑设计成可供激光切割加工方式进行制作的类型。

1. 仿龟机器人腿部自由度分析

根据运动学原理分析可知，在二自由度配置的腿型设计中，腿部的两个关节都可以采用舵机驱动，靠近机器人身体的髋关节在垂直于纸面的方向上转动，实现机器人腿部的摆动和蹬腿动作；远离机器人身体的膝关节在平行于纸面的方向上转动，实现机器人的抬腿动作。四条腿的 8 个关节在 8 个关节舵机的驱动下，按照不同转角、不同转速、不同时间控制规律进行运动，就可以带动仿龟机器人实现前进、后退和转弯。

2. 仿龟机器人腿部结构的设计要求

仿龟机器人腿部结构设计时主要应考虑以下三个因素：

（1）能够实现相关的运动要求。设计完美和制作精良的仿龟机器人应当能走出直线轨迹或平面曲线轨迹，并且能够灵活转向。

（2）必须具备一定的承载能力。仿龟机器人的腿部在静止时，由四条腿共同支撑机体重量，各条腿的负担较小；但在运动时，需要由各条腿交替支撑机体重量，各条腿的负担较大，因此机器人的各条腿必须具备一定的结构强度和支撑稳定性。

（3）易于实现、便于控制。对于仿龟机器人来说，结构方面应力求简单紧凑，不能过于复杂；控制方面也要努力做到简单易行，这样才能有效降低整体调试的难度。

仿龟机器人最重要的设计工作在于腿部设计，好的腿部零件设计可以使装配过程简单易行，也可以让机器人具备四足动物一样的行走、转弯能力。本书设计的仿龟机器人腿部结构，采用相同的零件拼装成对称的双腿结构，这样既能使仿龟机器人整体造型美观、简洁，又能提高了零部件加工、装配的效率，还改善了零部件的互换性。

3.3 仿龟机器人腿部结构的设计

考虑到零件加工工艺性、设计周期、加工时间、器件性能、制作成本等因素，为仿龟机器人设计的二自由度腿部结构在腿节比例与转动副布置上并未完全按四足动物真实情况进行刻板的仿生设计，而是根据机器人实际运动所需的特性来设计其腿部的相关结构，并采用模块化的设计思路处理机器人四肢的设计问题。

仿龟机器人由头部、躯干、四肢以及尾部四部分组成，图 3 - 1 所示为仿龟机器人的整体示意图。其中，仿龟机器人的每条腿均有两个自由度，分别位于机器人的髋关节和膝关节处，如图 3 - 2、图 3 - 3 所示。

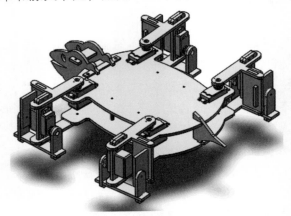

图 3 - 1   仿龟机器人整体示意图

图 3 - 2   仿龟机器人单腿结构示意图

图 3 - 3   髋关节装配体

3.3.1 仿龟机器人髋关节组件的设计

经过分析与设计，确定仿龟机器人腿部髋关节组件由舵机 MG996R、舵机码盘和髋关节连接件组成，其中舵机 MG996R、舵机码盘系采购件，真正需要进行设计和实体造型的零件只是髋关节组件，所以其设计对实现仿龟机器人的运动功能至关重要。从机器人总体布局的合理性考虑，髋关节组件的上部与固定于机器人身体部分的舵机相连接，这样就可以帮助机器人完成腿部前、后摆的动作；该组件的下端与腿部组件相连，这样就可以帮助机器人完成腿部内、外摆的动作。下面分别介绍髋关节组件中各部分的设计与造型情况。

1. 舵机 MG996R 的实体造型

舵机 MG996R 的套件实物如图 3 – 4 所示，几何尺寸则如图 3 – 5 所示。

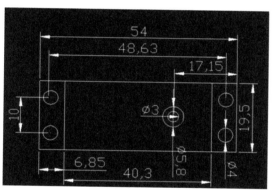

图 3 – 4　舵机 MG996R 套件实物图　　　　图 3 – 5　舵机几何尺寸图

知道了舵机 MG996R 的具体尺寸之后，其实体造型过程如下展开。

（1）单击"草图"按钮，进入草图绘制界面，选择"直线"按钮，如图 3 – 6 所示。

图 3 – 6　草图绘制界面

（2）根据舵机 MG996R 的相关尺寸，首先要绘制其外形尺寸，将外形造型出来，为此可先绘制图 3 – 7 所示的长方形，该长方形代表着舵机长、宽部分。

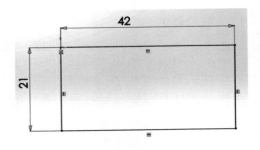

图 3 - 7　草图绘制步骤（1）

（3）为了获得舵机的立体形状，除了长、宽尺寸以外，还需要增加高度尺寸，所以可选择"拉伸凸台/基体"按钮，进行凸台拉伸操作，选择拉伸方向，并设置拉伸长度（给定舵机高度）26.00 mm，操作结果如图 3 - 8 所示。

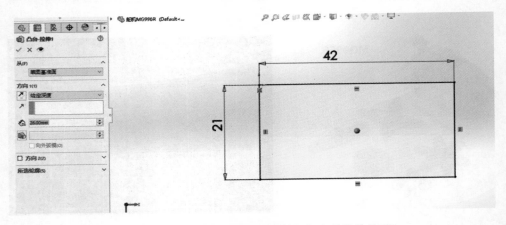

图 3 - 8　草图绘制步骤（2）（舵机机身的拉伸处理）

（4）有了舵机的简单立体形状之后，再进行复杂部分的实体造型，如绘制舵机连接固定板。在这个操作过程中，主要是绘制舵机连接固定板上的相关椭圆孔草图，其具体尺寸如图 3 - 9 所示。

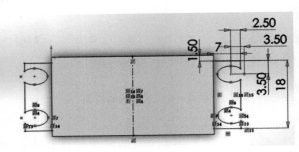

图 3 - 9　草图绘制步骤（3）

（5）选择刚刚绘制好的椭圆孔草图，沿给定方向（向上）拉伸 3.50 mm，相关界面如图 3 – 10 所示，所得结果如图 3 – 11 所示。由图 3 – 11 可见，舵机连接固定板现在有了厚度，可以真正起到固定舵机的作用。

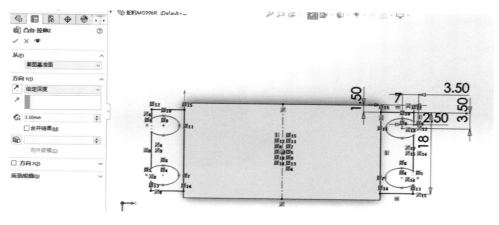

图 3 – 10　舵机连接固定板椭圆孔草图绘制界面

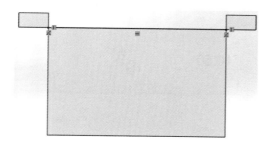

图 3 – 11　舵机连接固定板拉伸结果

（6）以刚获得的舵机连接固定板上表面为基准，绘制草图如图 3 – 12 所示，此步操作是为了获得舵机上部结构。

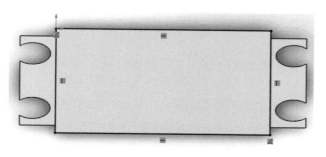

图 3 – 12　草图绘制

（7）选择上一步刚刚绘制的草图，沿给定方向（向上）拉伸 10.00 mm，其结果如图 3-13 所示。

图 3-13　舵机上部凸台拉伸结果

（8）在舵机上部凸台，按舵机相关尺寸绘制图 3-14 所示图形，其中圆弧由"圆心/起点/终点画弧"按钮绘制。

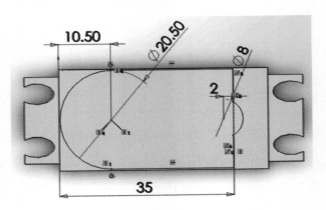

图 3-14　舵机上部圆弧部分的绘制

（9）在舵机顶部对标色的部分进行拉伸处理，拉伸高度为 2 mm，其结果如图 3-15 所示。

（10）在刚刚获得的舵机上部凸台上再进行多级圆台造型，先进行圆台下部大圆的绘制，该圆直径为 14 mm，结果如图 3-16 所示。

（11）进行舵机多级圆台下部大圆的拉伸处置，向上拉伸 1.5 mm，其结果如图 3-17 所示。

图 3 - 15　舵机顶部凸台
拉伸结果

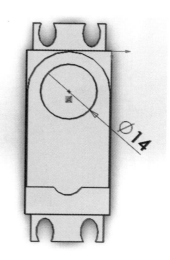

图 3 - 16　舵机多级圆台下部
大圆的绘制

（12）选择舵机多级圆台的圆心，绘制直径为 12 mm 的小圆，其结果如图
3 - 18 所示。

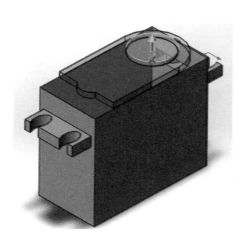

图 3 - 17　舵机多级圆台下部大圆的
拉伸结果

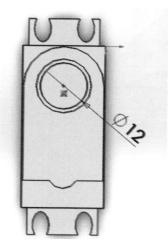

图 3 - 18　多级圆台小圆草图

（13）将绘制的小圆进行向上拉伸处理，拉伸高度为 5 mm，所得小圆柱体
造型结果如图 3 - 19 所示。

（14）上一步绘制的小圆柱是制作齿轮的基础，现在需要在上面绘制舵机

传动齿轮的齿形，为后续的切齿操作做好准备。舵机齿轮轮齿切除草图如图 3 - 20 所示。

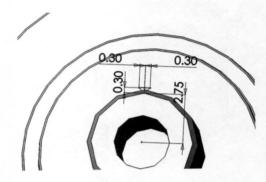

图 3 - 19　多级圆台上部小圆拉伸处理结果　　图 3 - 20　舵机齿轮轮齿切除草图

（15）此步骤为舵机齿轮拉伸切除，先单击"拉伸切除"按钮，再选择图 3 - 20 所示曲线进行拉伸切除，深度为 5.00 mm，相应操作界面如图 3 - 21 所示。

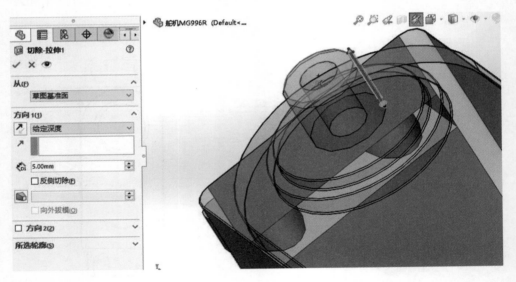

图 3 - 21　舵机齿轮拉伸切除界面

（16）选择"阵列（圆周）"按钮，再选择上一步操作中获得的拉伸切除实体（见图 3 - 22），此后输入阵列特征数为 40，相邻特征间距为 9°，其操作界面如图 3 - 23 所示。

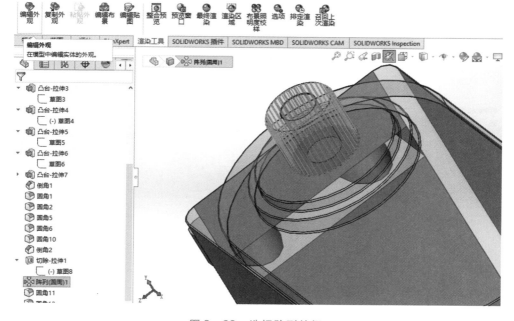

图 3 – 22　选择阵列特征

图 3 – 23　设计阵列特征

（17）此步操作是为了对舵机的齿轮轮齿进行圆角处理，为此，选择"圆角"按钮，选择要进行圆角处理的轮齿边线，圆角半径为 0.05 mm，其结果如图 3 – 24 所示。

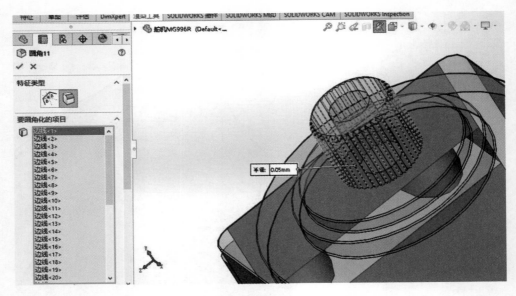

图 3 –24　轮齿圆角处理结果示意图

（18）此步操作是对圆柱齿轮的顶部边缘进行圆角处理，先选择"圆角"按钮，再选择"圆柱内圆端线"，输入圆角半径 0. 05 mm（见图 3 –25），执行圆角处理，于是可得舵机实体造型最终结果如图 3 –26 所示。

图 3 –25　舵机顶部齿轮端线圆角处理界面

2. 舵机码盘的实体造型

（1）进入草图绘制界面，绘制一个直径为 21 mm 的圆，如图 3 – 27 所示。

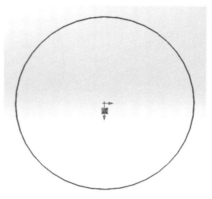

图 3 –26　舵机 MG996R 实体造型　　　　　　图 3 –27　舵机码盘草图
　　　　　最终结果示意图

（2）单击"拉伸凸台/基体"按钮，选择刚刚绘制的舵机码盘草图，确定拉伸深度为 2. 50 mm，进行拉伸处理，其结果如图 3 – 28 所示。

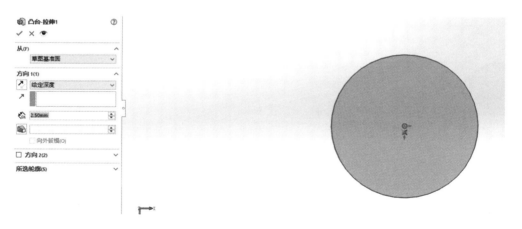

图 3 –28　舵机码盘拉伸处理

（3）此步操作是绘制舵机码盘上部圆环，为此，单击"草图"按钮，绘制如图 3 – 29 所示两个同心圆，图上进行了尺寸标注。

（4）单击"拉伸凸台/基体"按钮，选择舵机码盘上部圆环曲线进行拉伸处理，拉伸深度为 3. 00 mm，其结果如图 3 – 30 所示。

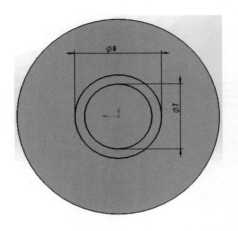

图 3 – 29　绘制舵机码盘上部圆环草图

图 3 – 30　舵机码盘上部圆环拉伸处理造型图

（5）此步操作是为了在舵机码盘正中位置开通孔，于是可在菜单命令栏中单击"草图"按钮，在图 3 – 31 所示位置绘制一个直径为 1.30 mm 的圆形。

（6）单击"拉伸切除"按钮，选择舵机码盘正中绘制的圆形草图进行开孔处理，如图 3 – 32 所示。

（7）此步操作是为了在舵机码盘上开出固定孔位（固定传动件），这些固定孔位共有四组，每组三孔，对应排列。此时可单击"草图"按钮，按舵机码盘实际尺寸进行这些孔位的绘制，其结果如图 3 – 33 所示。

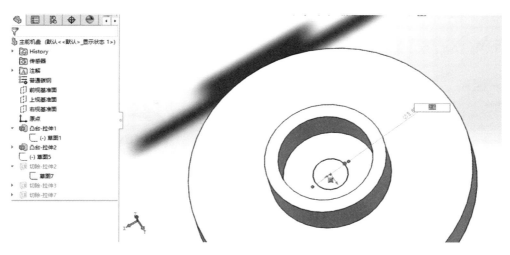

图 3 – 31　在舵机码盘正中位置绘制圆形草图

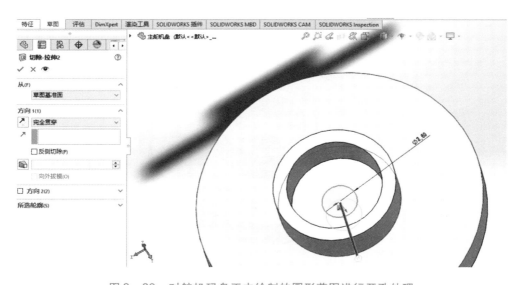

图 3 – 32　对舵机码盘正中绘制的圆形草图进行开孔处理

（8）将固定孔位进行开孔处理，并把中心处的小孔扩大，其结果如图 3 – 34 所示。

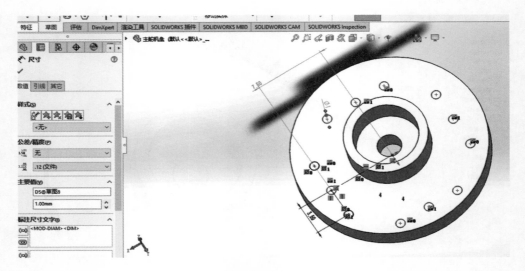

图 3 - 33　码盘固定孔位绘制草图

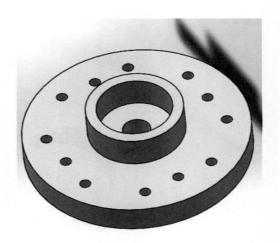

图 3 - 34　舵机码盘最终实体造型

3. 髋关节连接件设计与实体造型

（1）单击"草图"按钮，按具体尺寸绘制髋关节连接件草图，如图 3 - 35 所示。

（2）完成髋关节连接件实体造型，可在上一步完成的草图基础上进行拉伸处理，单击"拉伸凸台/基体"按钮，确定拉伸深度 5 mm，所得结果如图 3 - 36 所示。

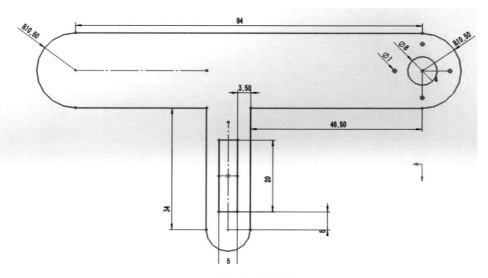

图 3 – 35 髋关节连接件草图

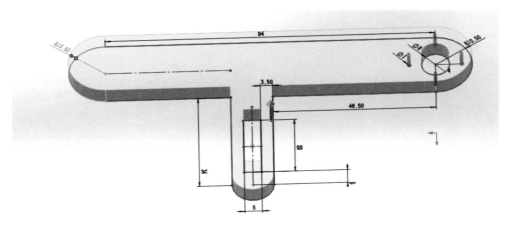

图 3 – 36 髋关节连接件拉伸处理的结果

（3）此步操作是为了在髋关节连接件上制作出结构细节，为此可单击"草图"按钮，绘制方槽草图如图 3 – 37 所示。

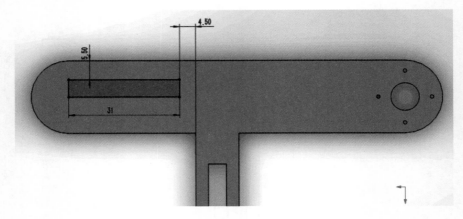

图 3 –37　绘制方槽图形

在上步完成的方槽草图基础上进行切除处理，单击"拉伸切除"按钮，确定拉伸深度 5.00 mm，其结果如图 3 –38 所示。

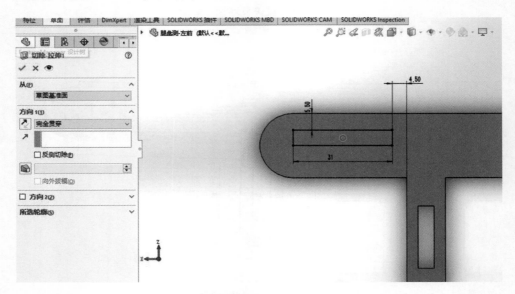

图 3 –38　方槽切除界面

3.3.2　仿龟机器人腿部组件的设计

腿部组件是仿龟机器人与地面接触的部件，它由髋关节第一连接件（见图 3 –39（a））、髋关节第二连接件（见图 3 –39（b））、髋关节第三连接件（见图 3 –39（c））、舵机支架（两个，见图 3 –39（d））、MG996R 舵机（见图 3 –39（e））、舵机码盘（见图 3 –39（f））、腿部 A 板（见图 3 –39（g））、腿部 B 板（见图 3 – 39（h））、腿部 C 板（见图 3 – 39（i））以及腿部底板（见图 3 – 39（j））等组成。

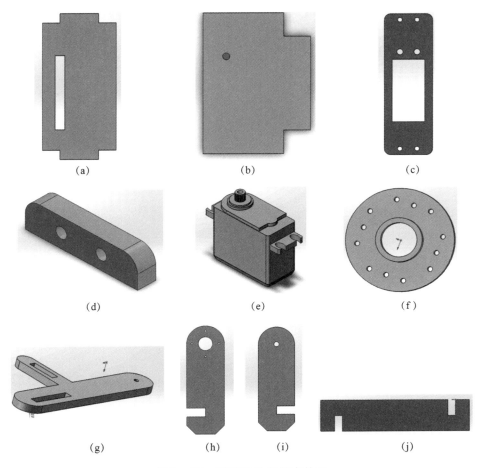

图 3 – 39　腿部组件各组成单元

（a）髋关节第一连接件；（b）髋关节第二连接件；（c）髋关节第三连接件；（d）舵机支架；
（e）MG996R 舵机；（f）舵机码盘；（g）腿部 A 板；（h）腿部 B 板；（i）腿部 C 板；（j）腿部底板

　　其中髋关节第一连接件与髋关节、髋关节第二连接件及腿部底板相连；髋关节第二连接件还与腿部 B 板相连；髋关节第三连接件与髋关节、MG996R 舵机、舵机支架（两个）、腿部底板相连；MG996R 舵机还与舵机码盘相连；舵机码盘另一端与腿部 A 板相连，腿部 A 板、腿部 B 板通过腿部 C 板相连。下面将详细说明腿部组件中各零件的造型方法与过程。

1. 髋关节第一连接件实体造型的方法与步骤

　　（1）单击"草图"按钮，按具体尺寸绘制髋关节第一连接件草图，如图 3 – 40 所示。

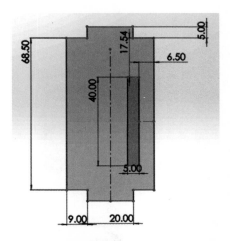

图 3-40　髋关节第一连接件草图绘制

（2）为了完成髋关节第一连接件的实体造型，可在上一步完成的草图基础上进行拉伸处理，单击"拉伸凸台/基体"按钮，确定拉伸深度 5.00 mm，其结果如图 3-41 所示。

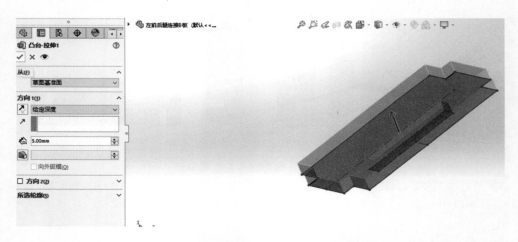

图 3-41　髋关节第一连接件拉伸处理的结果

2. 髋关节第二连接件实体造型的方法与步骤

（1）单击"草图"按钮，按具体尺寸绘制髋关节第二连接件基本形状的草图，如图 3-42 所示。

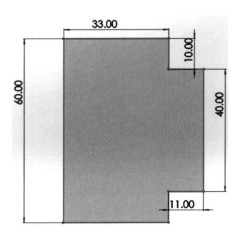

图 3 –42　髋关节第二连接件草图绘制

（2）为了完成髋关节第二连接件的实体造型，可在上一步完成的草图基础上进行拉伸处理，单击"拉伸凸台/基体"按钮，确定拉伸深度 5.00 mm，其结果如图 3 – 43 所示。

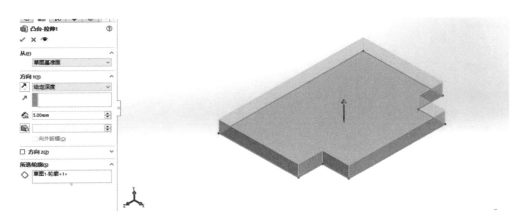

图 3 –43　髋关节第二连接件拉伸处理的结果

（3）此步操作是为了在髋关节第二连接件上制做出圆孔，为此可单击"草图"按钮，绘制圆孔尺寸如图 3 – 44 所示。

（4）对上一步绘制的圆孔进行开孔处理，其结果如图 3 – 45 所示。

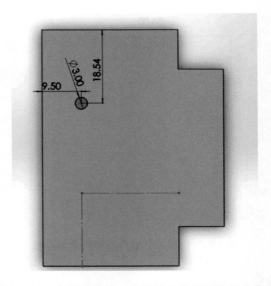

图 3 - 44　在髋关节第二连接件上绘制圆孔尺寸草图

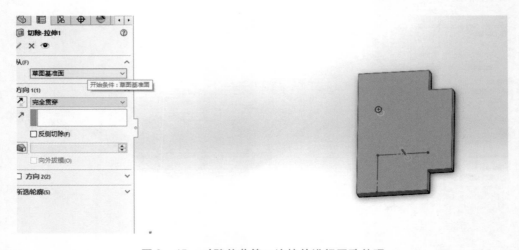

图 3 - 45　对髋关节第二连接件进行开孔处理

3. 髋关节第三连接件实体造型的方法与步骤

（1）单击"草图"按钮，按具体尺寸绘制髋关节第三连接件基本形状的草图，如图 3 - 46 所示。

（2）为了完成髋关节第三连接件的实体造型，可在上一步完成的草图基础上进行拉伸处理，单击"拉伸凸台/基体"按钮，确定拉伸深度 5.00 mm，其结果如图 3 - 47 所示。

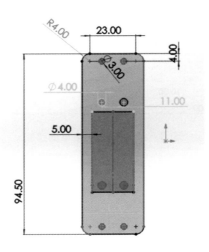

图 3 – 46　髋关节第三连接件草图绘制

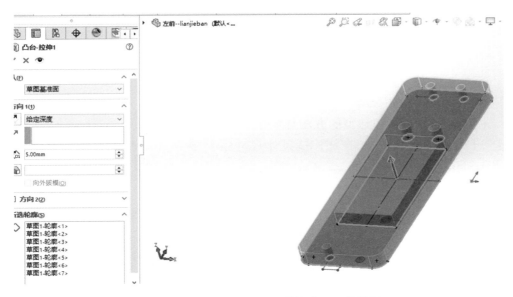

图 3 – 47　髋关节第三连接件拉伸处理的结果

4．舵机支架实体造型的方法与步骤

舵机支架用于连接髋关节第三连接件并限制其相对运动，其设计结果与造型步骤如下。

（1）单击"草图"按钮，按设计结果的具体尺寸绘制舵机支架基本形状，其草图如图 3 – 48 所示。

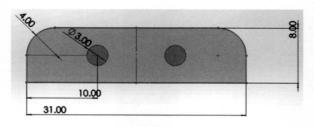

图 3 -48 舵机支架草图绘制

（2）为了完成舵机支架的实体造型，可在上一步完成的草图基础上进行拉伸处理，单击"拉伸凸台/基体"按钮，确定拉伸深度为 3.00 mm，其结果如图 3 -49 所示。

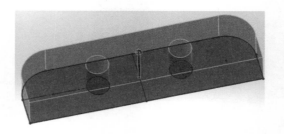

图 3 -49 舵机支架拉伸处理的结果

5. 腿部 A 板实体造型的方法与步骤

（1）单击"草图"按钮，按具体尺寸绘制腿部 A 板基本形状的草图如图 3 -50 所示。

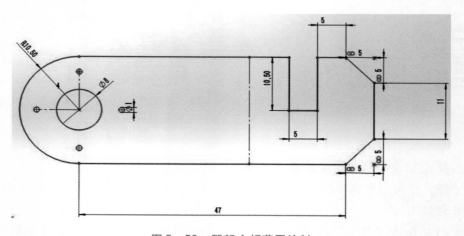

图 3 -50 腿部 A 板草图绘制

（2）为了完成腿部 A 板的实体造型，可在上一步完成的草图基础上进行拉伸处理，单击"拉伸凸台/基体"按钮，确定拉伸深度为 5.00 mm，其结果如图 3 – 51 所示。

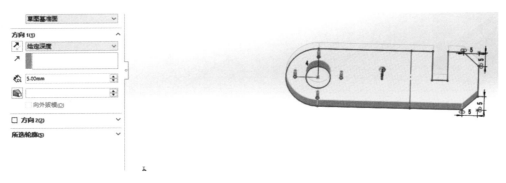

图 3 – 51　腿部 A 板拉伸处理的结果

6. 腿部 B 板实体造型的方法与步骤

（1）单击"草图"按钮，按具体尺寸绘制腿部 B 板基本形状的草图如图 3 – 52 所示。

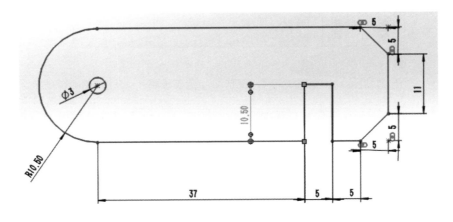

图 3 – 52　腿部 B 板草图绘制

（2）为了完成腿部 B 板的实体造型，可在上一步完成的草图基础上进行拉伸处理，单击"拉伸凸台/基体"按钮，确定拉伸深度为 5.00 mm，其结果如图 3 – 53 所示。

7. 腿部 C 板实体造型的方法与步骤

（1）单击"草图"按钮，按具体尺寸绘制腿部 C 板基本形状的草图，如图 3 – 54 所示。

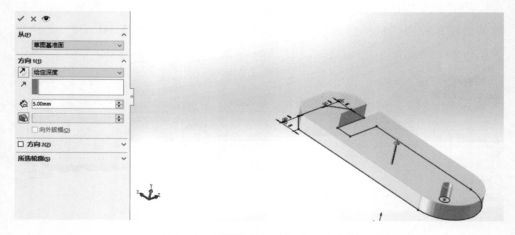

图 3-53　腿部 B 板拉伸处理的结果

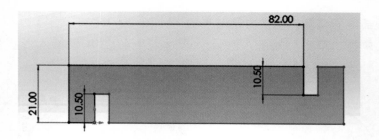

图 3-54　腿部 C 板草图绘制

（2）为了完成腿部 C 板的实体造型，可在上一步完成的草图基础上进行拉伸处理，单击"拉伸凸台/基体"按钮，确定拉伸深度为 5.00 mm，其结果如图 3-55 所示。

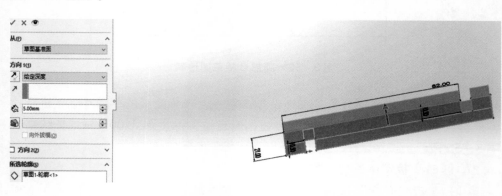

图 3-55　腿部 C 板拉伸处理的结果

8. 腿部底板实体造型的方法与步骤

（1）单击"草图"按钮，按具体尺寸绘制腿部底板基本形状的草图，如图 3 - 56 所示。

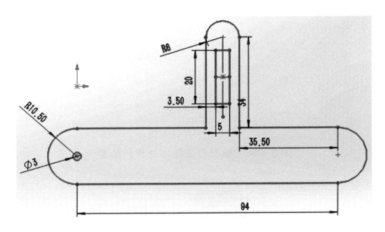

图 3 - 56　腿部底板草图绘制

（2）此步操作是为了在腿部底板上制作出另外一个方孔，为此可单击"草图"按钮，在上一步草图上绘制方孔尺寸如图 3 - 57 所示。

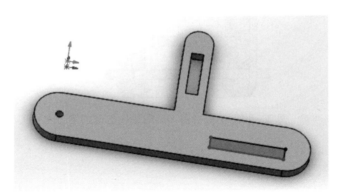

图 3 - 57　腿部底板方孔绘制草图

（3）为了完成腿部底板的实体造型，可在上一步完成的草图基础上进行拉伸切除处理，单击"拉伸切除"按钮，确定切除深度为 5.00 mm（贯穿式切除），其结果如图 3 - 58 所示。

当上述造型工作全部结束之后，把腿部结构所有组成零件聚合拔来，即可进行腿部结构的组装，其组装效果如图 3 - 59 所示。

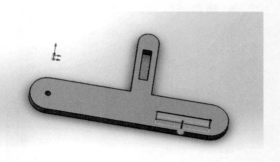

图 3-58　腿部底板拉伸处理的结果

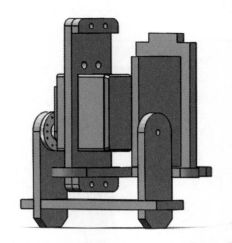

图 3-59　仿龟机器人腿部结构组装效果图

3.3.3　仿龟机器人躯干上、下板的设计

　　仿龟机器人的躯干是机器人结构体系的主要支撑平台，例如其躯干上板就连接着仿龟机器人的头部结构、尾部结构、四个腿部驱动舵机，以及四个支撑铜柱。其设计既要体现一定的形态仿生，还要符合结构优化的需要，所以要仔细设计与造型。

　　1. 仿龟机器人躯干上板的设计与造型

　　（1）单击"草图"按钮，按拟定尺寸绘制躯干上板基本形状的草图，如图 3-60 所示。

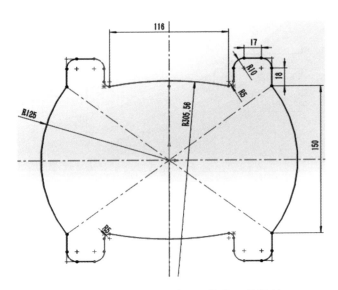

图 3 – 60　躯干上板基本形状草图的绘制

（2）为了完成躯干上板的实体造型，可在上一步完成的草图基础上进行拉伸处理，单击"拉伸凸台/基体"按钮，确定拉伸深度为 5.00 mm，其结果如图 3 – 61 所示。

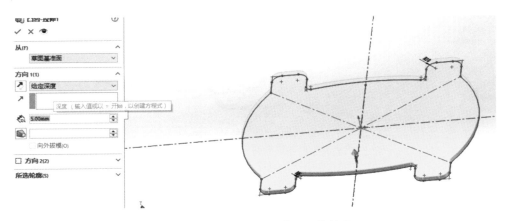

图 3 – 61　躯干上板拉伸处理的结果

（3）仿龟机器人躯干上板要固定腿部关节驱动舵机，因而还需要在上板上切制出相应的孔位，为此，可绘制相应的草图，如图 3 – 62 所示。

（4）单击"拉伸切除"按钮，将上一步草图所绘孔位进行切除，其结果如图 3 – 63所示。

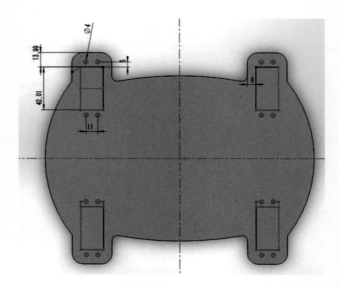

图 3 - 62　绘制躯干上板舵机预留孔位草图

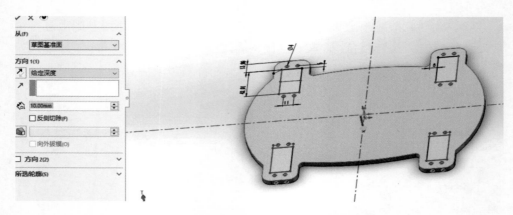

图 3 - 63　躯干上板舵机定位孔位切除处理界面

（5）为仿龟机器人加装头部结构和尾部结构，还需要在仿龟机器人躯干上板对应位置预先切制出孔位来，为此，可单击"草图"按钮，并绘制出如图 3 - 64 所示草图。

（6）单击"拉伸切除"按钮，对上一步绘制的草图进行预留孔位切除处理，其结果如图 3 - 65 所示。

2. 仿龟机器人躯干下板的设计与造型

（1）单击"草图"按钮，按拟定尺寸绘制躯干下板基本形状的草图，如图 3 - 66 所示。

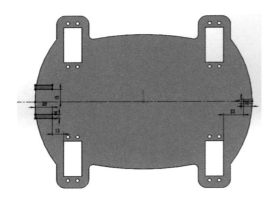

图 3 – 64　躯干上板加装头部、尾部结构
　　　　　预留孔位草图

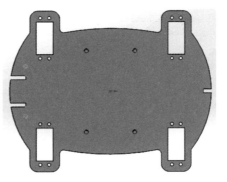

图 3 – 65　躯干上板造型最终结果

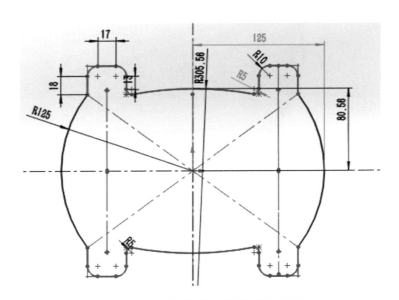

图 3 – 66　躯干下板基本形状草图的绘制

（2）为了完成躯干下板的实体造型，可在上一步完成的草图基础上进行拉伸处理，单击"拉伸凸台/基体"按钮，确定拉伸深度为 5.00 mm，其结果如图 3 – 67 所示。

（3）为仿龟机器人加装头部结构，还需在仿龟机器人躯干下板对应位置预先切制出孔位来，为此，可单击"草图"按钮，并绘制出草图，如图 3 – 68 所示。

图 3 −67　躯干下板拉伸处理的结果

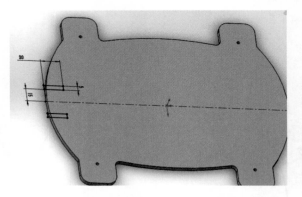

图 3 −68　躯干下板加装头部结构预留孔位草图

（4）同理，为仿龟机器人加装尾部结构，还需在仿龟机器人躯干下板对应位置预先切制出孔位来，为此，可单击"草图"按钮并绘制出草图，如图 3 −69 所示。

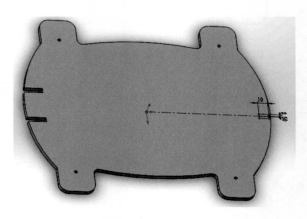

图 3 −69　躯干下板加装尾部结构预留孔位草图

（5）单击"拉伸切除"按钮，对上述绘制的草图进行预留孔位切除处理，其结果如图 3 - 70 所示。

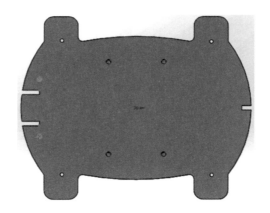

图 3 - 70　躯干下板造型最终结果

3.3.4　连接铜柱的实体造型

连接铜柱在仿龟机器人的装配过程中起到重要作用，其造型过程比较简单，在此不再赘述，其实体造型结果如图 3 - 71 所示。

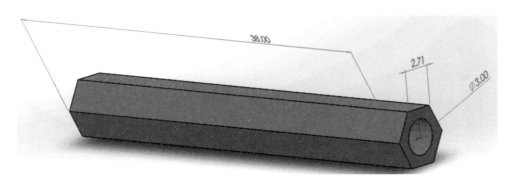

图 3 - 71　连接铜柱实体造型结果

3.3.5　乌龟尾巴的设计与造型

加上一只小小的尾巴，乌龟就灵动起来，显得活泼多了。此外，这条小尾巴还有一个功能，那就是用来连接机器人躯干上板与躯干下板，使它们牢牢连接起来。

（1）单击"草图"按钮，按拟定尺寸绘制尾巴基本形状的草图，如图 3 - 72 所示。

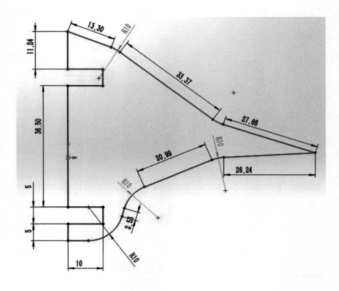

图 3 - 72　尾巴的基本形状的草图绘制

（2）为了完成尾巴的实体造型，可在上一步完成的草图基础上进行拉伸处理，单击"拉伸凸台/基体"按钮，确定拉伸深度为 5.00 mm，其结果如图 3 - 73 所示。

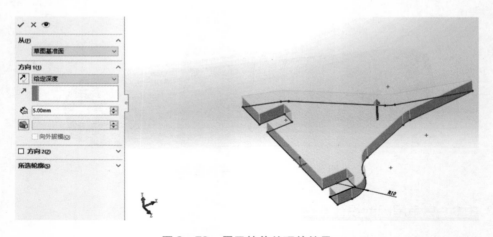

图 3 - 73　尾巴拉伸处理的结果

3.3.6　乌龟头部的设计与造型

乌龟头部的形状十分奇特，对仿龟机器人来说，一个好的头部形状设计可以起到画龙点睛的作用。而且，头部还可起到连接乌龟躯干上板与躯干下板的功能。本书中，设计乌龟头部时应用了曲线功能，由于设计过程复杂，本书不详细介绍，仅给出左边造型关键尺寸，右边乌龟草图乌龟眼睛以及乌龟头部连接槽可由读者自主设计。

（1）单击"草图"按钮，按拟定尺寸绘制乌龟头部基本形状的草图如图 3 – 74 所示。

（2）本书设计的结果如图 3 – 75 所示。

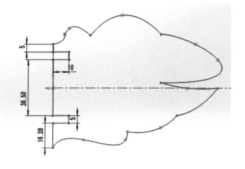

图 3 –74　乌龟头部草图绘制

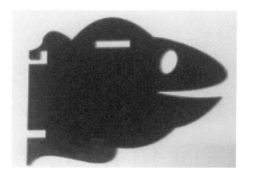

图 3 –75　乌龟头部造型效果

为了使乌龟头部具有立体感和喜庆感，可将两块头部形状单片用连接件连接起来（见图 3 – 76），为此还须制作头部单片的连接件，因其造型十分简单，不再赘述，两块头部形状单片连接在一起的效果如图 3 – 77 所示。

最后，将所有造型的零件全部集中起来，进行仿龟机器人结构系统组装，可得仿龟机器人整体组装效果如图 3 – 77 所示。

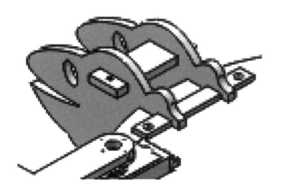

图 3 –76　立体感头部结构

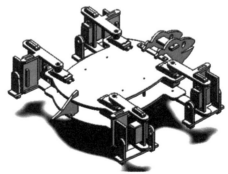

图 3 –77　仿龟机器人结构
系统组装效果图

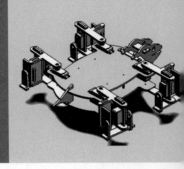

第 **4** 章
瞧瞧仿龟机器人的感官

仿龟机器人虽然行动不算敏捷，但它的感觉却不迟钝。它之所以能够感知自身内部情况、外部环境信息、识别物体、躲避障碍，是因为它具有与乌龟一样的感觉器官。仿龟机器人的五官是什么呢？它们的"五官"就是传感器，传感器使仿龟机器人具有类似乌龟的各种感知能力，而不同类型传感器的组合就构成了仿龟机器人的复杂感知系统。

本章将系统介绍在仿龟机器人领域经常使用的几种传感器。

4.1 眼睛虽小视力好

视觉传感器就是仿龟机器人的眼睛，它是整个机器视觉系统中视觉信息的直接来源，主要由一个或两个图像传感器组成，有时还要配以光投射器及其他辅助设备[195]。视觉传感器的主要功能是获取可供机器视觉系统处理的最原始图像。图像传感器可以使用激光扫描器、线阵和面阵电荷耦合器件（CCD）摄像机或者 TV 摄像机，还可以是最新出现的数字摄像机等。

谈起视觉传感器，人们就会想到 CCD 与互补金属氧化物半导体器件（CMOS）两大视觉感应器件。CCD 是一种用电荷量表示信号大小、用耦合方式传输信号的探测元件，具有自扫描、感受波谱范围宽、畸变小、体积小、重量轻、系统噪声低、功耗小、寿命长、可靠性高等一系列优点，并可以做成集成度非常高的组合件。在人们的传统印象中，CCD 代表着高解析度、低噪点等"高大上"品质；而 CMOS 由于噪点问题，一直与计算机摄像头、手机摄像头等对画质相对要求不高的电子产品联系在一起。但是，现在 CMOS 今非昔比了，其技术有了巨大的进步，基于 CMOS 的摄像机绝非只局限于简单的应用，甚至进入了高清摄像机行列。为了更清晰地了解 CCD 和 CMOS 的特点，现在从 CCD 和 CMOS 的不同工作原理进行介绍[196]。

机器人视觉系统用计算机来实现人的视觉功能，也就是用计算机实现对客观的三维世界的识别[197]。人类接收的信息 70% 以上来自视觉，视觉为人类提供了关于周围环境的最详细、最可靠、最周全的信息。

人类视觉所具有的强大功能和完美的信息处理方式引起了智能机器人研究者的极大兴趣，人们希望以生物视觉为蓝本研究一个人工视觉系统，并将其运用于机器人系统中，期望机器人因而拥有类似人类感受环境的能力[198]。机器人要对外部世界的信息进行感知，就要依靠各种传感器。与人类一样，在机器人的众多感知传感器中，视觉系统提供了大部分机器人所需的外部世界信息。因此，视觉系统在机器人技术中具有重要的作用。

依据所用视觉传感器的数量和特性，目前主流的移动机器人视觉系统可分为单目视觉、双目立体视觉、多目视觉、全景视觉和混合视觉系统等[199]。

单目视觉系统只使用一个视觉传感器，因此而得名。单目视觉系统在成像过程中由于从三维客观世界投影到二维图像上，从而损失了深度信息，这是此类视觉系统的主要缺点（尽管如此，单目视觉系统由于结构简单、算法成熟且计算量较小，在自主移动机器人中已得到广泛应用，如用于目标跟踪、基于单目特征的室内定位导航等）。同时，单目视觉也是其他类型视觉系统的基础，如双目立体视觉、多目视觉等都是在单目视觉系统的基础上，通过附加其他手段和措施而实现的。

双目立体视觉系统由两个摄像机组成，利用三角测量原理获得场景的深度信息，并且可以重建周围景物的三维形状和位置，类似人眼的立体视觉功能，原理简单[200]。双目立体视觉系统需要精确地知道两个摄像机之间的空间位置关系，而且需要两个摄像机从不同角度，同时拍摄同一个场景的两幅图像，并进行复杂的匹配，才能准确得到场景环境的三维信息。双目立体视觉系统能够比较准确地恢复视觉场景的三维信息，在移动机器人定位、导航、避障和地图构建等方面得到了广泛的应用。然而，双目立体视觉系统的难点是对应点的匹配，该问题在很大程度上制约着双目立体视觉在机器人领域的应用与推广。

多目视觉系统采用三个或三个以上摄像机（三目系统居多），主要用来解决双目立体视觉系统中匹配多义性问题，以提高匹配精度。多目视觉系统最早由莫拉维克研究，他为"Stanford Cart"研制的视觉导航系统采用单个摄像机的"滑动立体视觉"来实现；雅西达提出了采用三目立体视觉系统解决对应点匹配的问题，真正突破了双目立体视觉系统的局限，并指出在以边界点作为匹配特征的三目视觉系统中，其三元的匹配准确率比较高；艾雅湜提出了用多边形近似的边界点段作为特征的三目匹配算法，并应用到移动机器人中，取得了较好的效果。三目视觉系统的优点是充分利用了第三个摄像机的信息，减少了错误匹配，解决了双目立体视觉系统匹配的多义性，提高了定位精度。但是，三目视觉系统要合理安置三个摄像机的相对位置，其结构配置比双目立体视觉系统更烦琐，而且匹配算法更复杂，需要消耗更多的时间，实时性更差。

全景视觉系统是具有较大水平视场的多方向成像系统，突出的优点是有较大的视场，可以达到360°，这是其他常规镜头无法比拟的。全景视觉系统可以通过图像拼接的方法或者通过折反射光学元件实现。图像拼接的方法使用单个或多个摄像机旋转，对场景进行大角度扫描，获取不同方向上连续的多帧图像，再用拼接技术得到全景图。折反射全景视觉系统由 CCD 摄像机、折反射光学元件等组成，利用反射镜成像原理，可以观察360°的场景，成像速度快，能满足实时性要求，具有十分重要的应用前景，可以应用在机器人导航中。全景视觉系统本质上也是一种单目视觉系统，也无法得到场景的深度信息。另外一个特点是获取的图像分辨率较低，并且图像存在很大的畸变，从而会影响图像处理的稳定性和精度。在进行图像处理时首先需要根据成像模型对畸变图像进行校正，这种校正过程不但会影响视觉系统的实时性，而且还会造成信息的损失。另外，这种视觉系统对全景反射镜的加工精度要求很高，若双曲反射镜面的精度达不到要求，利用理想模型对图像校正则会存在较大的偏差。

混合视觉系统吸收了各种视觉系统的优点，采用两种或两种以上的视觉系统组成复合视觉系统，多采用单目或双目立体视觉系统，同时配备其他视觉系统。混合视觉系统由球面反射系统组成，其中全景视觉系统提供大视角的环境信息，双目立体视觉系统和激光测距仪检测近距离的障碍物。清华大学的朱志刚等人使用一个摄像机研制了多尺度视觉传感系统 POST，实现了双目注视、全方位环视和左右两侧的全景成像，为机器人提供了导航信息。混合视觉系统具有视场范围大的优点，同时又具备双目视觉系统精度高的长处，但是该类系统配置复杂，费用比较高。

4.1.1 CCD 器件

CCD 是电荷耦合器件英文（Charge Coupled Device）单词首字母缩写形式，它是一种半导体成像器件（见图 4 – 1），具有灵敏度高、畸变小、体积小、寿命长、抗强光、抗振动等优点[201]。工作时，被摄物体的图像经过镜头聚焦至 CCD 芯片上，CCD 根据光的强弱情况积累相应比例的电荷，各个像素积累的电荷在视频时序的控制下，逐点外移，经滤波、放大处理后，形成视频信号输出。当视频信号连接到监视器或电视机的视频输入端时，人们便可以看到与原始图像相同的视频图像。

图 4 – 1 CCD 实物图

需要说明的是，在 CCD 中，上百万个像素感光后会生成上百万个电荷，所有的电荷全部需要经过一个"放大器"进行电压转变，形成电子信号。因此，这个"放大器"就成为一个制约图像处理速度的"瓶颈"[202]。当所有电荷由单一通道输出时，就像千军万马过"独木桥"一样，庞大的数据量很容易引发信号"拥堵"现象，而数码摄像机高清标准（HDV）却恰恰需要在短时间内处理大量数据。因此，在民用级产品中使用单 CCD 是无法满足高速读取高清数据的需要的。

CCD 器件主要由硅材料制成，对近红外光线比较敏感，光谱响应可延伸至 1.0 μm 左右，响应峰值为绿光（550 nm）。夜间采用 CCD 器件隐蔽监视时，可以用近红外灯辅助照明，人眼看不清的环境情况在监视器上却可以清晰成像[203]。由于 CCD 器件表面有一层吸收紫外线的透明电极，所以 CCD 对紫外线并不敏感。彩色摄像机的成像单元上有红、绿、蓝三色滤光条，所以彩色摄像机对红外线和紫外线均不敏感。

4.1.2 CMOS 器件

CMOS 是互补金属氧化物半导体器件的英文（Complementary Metal Oxide Semiconductor）单词首字母缩写形式，它是一种电压控制的放大器件（见图 4 – 2），也是组成 CMOS 数字集成电路的基本单

图 4 – 2 CMOS 实物图

元。CMOS 中一对由 MOS 组成的门电路在瞬间选择 PMOS 导通，或 NMOS 导通，或都截止，比线性三极管的效率高得多，因此其功耗很低。

传统的 CMOS 传感器可以将所有的逻辑运算单元和控制环都放在同一个硅芯片上，使摄像机变得架构简单，易于携带，因此 CMOS 摄像机可以做得非常小巧。与 CCD 不同的是，CMOS 的每个像素点都有一个单独的放大器转换输出，因此 CMOS 没有 CCD 的"瓶颈"问题，能够在短时间内处理大量数据，输出高清影像，满足 HDV 的需求。另外，CMOS 工作所需要的电压比 CCD 的低很多，功耗只有 CCD 的 1/3，因此电池尺寸可以做得很小，方便实现摄像机的小型化。而且每个 CMOS 都有单独的数据处理能力，这也大大减小了集成电路的体积，为高清数码相机的小型化，甚至微型化奠定了基础。

4.1.3　CCD 与 CMOS 的比较

CCD 和 CMOS 的制作原理并没有本质上的区别，CCD 与 CMOS 孰优孰劣也不能一概而论。一般而言，普及型的数码相机中使用 CCD 芯片的成像质量要好一些，这是因为 CCD 是集成在半导体单晶材料上，而 CMOS 是集成在金属氧化物的半导体材料上，而这导致两者的成像质量出现了分别。CMOS 的结构相对简单，其生产工艺与现有大规模集成电路的生产工艺相同，因而使得生产成本有所降低。

从原理上分析，CMOS 的信号是以点为单位的电荷信号，而 CCD 是以行为单位的电流信号，CMOS 更省电，速度也更快捷[204]。现在生产的高级 CMOS 并不比一般的 CCD 成像质量差，相对来说，CMOS 的工艺还不是十分成熟，普通的 CMOS 一般因分辨率较低而导致成像质量较差。

目前，数码相机的视觉感应器只有 CCD 感应器和 CMOS 传感器两种。市场上绝大多数消费级别和高端级别的数码相机都使用 CCD 作为感应器，一些低端摄像头和简易相机上则采用 CMOS 感应器。如果有哪家摄像头厂商生产的摄像头里使用了 CCD 感应器，厂商一定会不遗余力地以其作为卖点大肆宣传，甚至冠以"高级数码相机"之名。一时间，是否使用 CCD 感应器成为人们判断数码相机档次的标准。实际上，这些做法和想法并不十分科学，CCD 与 CMOS 的工作原理就可以说明真实情况。

CCD 是一种可以记录光线变化的半导体组件，由许多感光单位组成，通常以百万像素为单位。当 CCD 表面受到光线照射时，每个感光单位会将电荷反映在组件上，所有的感光单位所产生的信号加在一起，就构成了一幅完整的画面。CMOS 和 CCD 一样，同为在数字相机中可记录光线变化的半导体。CMOS 的制造技术和一般计算机芯片的制造技术没有什么差别，主要是利用硅和锗这两种元素所做成的半导体，使其在 CMOS 上共存着带 N（带－电）和 P（带＋

电）极的半导体，这两个互补效应所产生的电流即可被处理芯片记录和解读成影像。

尽管 CCD 在影像品质等各方面优于 CMOS，但不可否认的是 CMOS 具有低成本、低耗电以及高整合度的特性。由于数码影像产品的需求十分旺盛，CMOS 的低成本和稳定供货品质使之成为相关厂商的心头肉，也因此愿意投入巨大的人力、物力和财力去改善 CMOS 的品质特性与制造技术，使得 CMOS 与 CCD 的差距在日益缩小。

4.2 判断远近有准头

仿龟机器人要知晓距离的远近，光有视觉传感器还不够，还必须装备测距传感器才能使它判断远近有准头。

4.2.1 测距传感器的分类

顾名思义，测距传感器就是能够测量距离的传感器。常见的测距传感器有超声波测距传感器、红外线测距传感器和激光测距传感器等。

1. 超声波测距传感器

超声波测距传感器（见图 4 - 3）是机器人经常采用的传感器之一，用来检测机器人前方或周围有无障碍物，并测量机器人与障碍物之间的距离。超声波测距的原理犹如蝙蝠声波测物一样，蝙蝠的嘴里可以发出超声波，超声波向前方传播，当超声波遇到昆虫或障碍物时会发生反射，蝙蝠的耳朵能够接收反射回波，从而判断昆虫或障碍物的位置和距离并予以捕杀或躲避。超声波传感器的工作方式与蝙蝠类似，通过发送器发射超声波，当超声波被物体反射后传到接收器，通过接收反射波来判断是否检测到物体[205]。

图 4 - 3 超声波测距传感器

超声波是一种在空气中传播的超过人类听觉频率极限的声波。人的听觉所能感觉的声音频率范围因人而异，在 20 Hz ~ 20 kHz 之间。超声波的传播速度 v 可以用下式表示：

$$v = 331.5 + 0.6T \quad (\text{m/s}) \qquad (4-1)$$

式中，$T(℃)$ 为环境温度，在 23℃ 的常温下超声波的传播速度为 345.3 m/s。超声波传感器一般就是利用这样的声波来检测物体的。

2. 红外线测距传感器

红外线测距传感器（见图4-4）是一种以红外线为工作介质的测量系统，具有可远距离测量（在无发光板和反射率低的情况下）、有同步输入端（可多个传感器同步测量）、测量范围广、响应时间短、外形紧凑、安装简易、便于操作等优点，在现代科技、国防和工农业生产等领域中获得了广泛的应用。

3. 激光测距传感器

激光具有方向性强、单色性好、亮度高等许多优点，在检测领域中应用十分广泛。激光测距传感器如图4-5所示。1965年，苏联的科学家们利用激光测量地球和月球之间的距离（384 401 km），误差只有250 m。1969年，美国宇航员登月后放置反射镜，也用激光测量地月之间的距离，误差只有15 cm[206]。

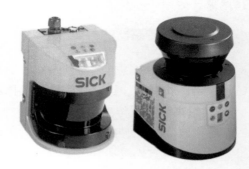

图4-4　红外线测距传感器　　　　图4-5　激光测距传感器

4.2.2　测距传感器的工作原理

1. 超声波测距传感器的工作原理

超声波传感器测距是通过超声波发射器向某一方向发射超声波，并在发射超声波的同时开始计时，超声波在空气中传播时碰到障碍物就立即反射回来，超声波接收器收到反射波后就立即停止计时[207]。已知超声波在空气中的传播速度为v，根据计时器记录的发射声波和接收回波的时间差Δt，就可以计算出超声波发射点距障碍物的距离D，即

$$D = v \cdot \Delta t/2 \tag{4-2}$$

上述测距方法即是所谓的时间差测距法。

需要指出的是，由于超声波也是一种声波，其声速v与环境温度有关。在使用超声波传感器测距时，如果环境温度变化不大，则可认为声速是基本不变的[208]。

在许多应用场合，采用小角度、小盲区的超声波测距传感器具有测量准确、无接触、防水、防腐蚀、低成本等优点。有时还可根据需要采用超声波传感器阵列来进行测量，可提高测量精度、扩大测量范围。图 4-6 所示为超声波传感器阵列，图 4-7 所示为搭载了超声波测距阵列的电动小车。

图 4-6　超声波传感器阵列

图 4-7　搭载了超声波传感器的电动小车

2. 红外线测距传感器的工作原理

红外线测距传感器利用红外信号遇到障碍物距离的不同其反射的强度也不同的原理，进行障碍物远近的检测[209]。红外线测距传感器具有一对红外信号发射与接收的二极管，发射管发射特定频率的红外信号。接收管接收这种特定频率的红外信号，当红外信号在检测方向遇到障碍物时，会产生反射，反射回来的红外信号被接收管接收，经过处理之后，通过数字传感器接口返回到机器人主机，机器人即可利用红外的返回信号识别周围环境的变化。需要说明的是，机器人在这里利用了红外线传播时不会扩散的原理，由于红外线在穿越其他物质时折射率很小，所以长距离测量用的测距仪都会考虑红外线测距方式。红外线的传播是需要时间的，当红外线从测距仪发出一段时间碰到反射物经过反射回来被接收管收到，人们根据红外线从发出到被接收到的时间差 Δt 和红外线的传播速度 v 就可以算出测距仪与障碍物之间的距离。简言之，红外线的工作原理就是利用高频调制的红外线在待测距离上往返产生的相位移推算出光束渡越时间 Δt，从而根据 $D = (v \times \Delta t)/2$ 得到距离 D。图 4-4 所示红外线测距传感器的型号为 GP2Y0A21YK0F，该传感器是由位置敏感探测集成单元（PSD）、红外发光二极管（LED）和信号处理电路组成，工作原理如图 4-8 所示，其测距功能是基于三角测量原理实现的如图 4-9 所示。

由图 4-9 可知，红外线发射器按照一定的角度发射红外光束，当遇到物体以后，这束光会反射回来，反射回来的红外光束被 CCD 检测器检测到以后，会获得一个偏移值 L。在知道了发射角度 α、偏移值 L、中心距 X，以及

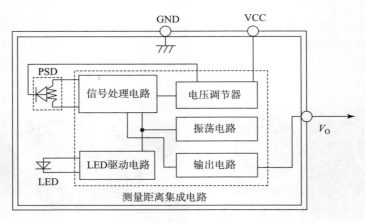

图 4 - 8   红外线传感器工作原理图

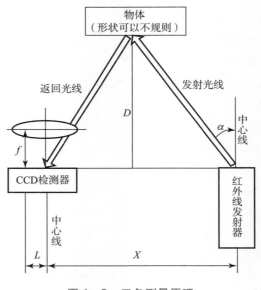

图 4 - 9   三角测量原理

滤镜的焦距 f 以后，传感器到物体的距离 D 就可以利用三角几何关系计算出来了。

由图可以看出，当距离 D 很小时，L 值会相当大，可能会超过 CCD 的探测范围。这时虽然物体很近，但传感器反而看不到了。而当距离 D 很大时，L 值就会非常小。这时，CCD 检测器能否分辨得出这个很小的 L 值也难以肯定。换言之，CCD 的分辨率决定了能不能获得足够精确的 L 值。要检测越远的物体，

CCD 的分辨率要求就越高。由于采用的是三角测量法，物体的反射率、环境温度和操作持续时间等因素反而不太容易影响距离的检测精度。

红外线测距传感器可以用于测量距离、实现避障、进行定位等作业，广泛应用于移动机器人和智能小车等运动平台上。图 4 – 10 所示为一款装置了红外线测距传感器和超声波测距传感器的智能小车。

图 4 – 10　装置着红外线测距传感器和超声波测距传感器的智能小车

3. 激光测距传感器的工作原理

激光测距传感器工作时，先由激光发射器对准目标发射激光脉冲，经目标反射后激光向各方向散射，部分散射光返回到激光接收器，被光学系统接收后成像到雪崩光电二极管上[210]。雪崩光电二极管是一种内部具有放大功能的光学传感器，因此它能检测到极其微弱的光信号。记录并处理从激光脉冲发出到返回被接收所经历的时间，即可测定目标的距离。需要说明的是，激光测距传感器必须极其精确地测定传输时间，因为光速太快，微小的时间误差也会导致极大的测距误差。激光测距传感器的工作原理如图 4 – 11 所示。

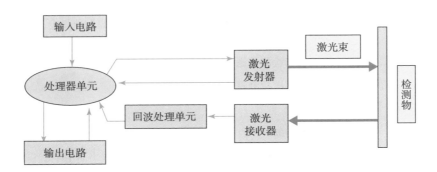

图 4 – 11　激光测距传感器的工作原理

4.2.3　超声波传感器的使用

以 HC05 超声波传感器为例，这是一款利用超声波测量距离的传感器，多应用于机器人避开障碍物和距离测量。其模块采用 Trig 触发测距，会发出 8 个

40 kHz 的方波，自动检测是否有信号返回，通过 Echo 输出高电平，高电平持续的时间就是声波走过那段距离的时间的 2 倍[211-212]，即

$$测量距离 = (高电平时间 \times 声速)/2$$

主要技术参数如下：

（1）使用电压：直流 5 V；

（2）静态电流：小于 2 mA；

（3）电平输出：高 5 V；

（4）电平输出：低 0；

（5）感应角度：不大于 15°；

（6）探测距离：2 ~ 450 cm；

（7）最高精度：可达 0.2 cm。

4.2.4 人体热释电传感器的使用

以 HC – SR501 传感器为例对人体热释电传感器进行介绍。HC – SR501 是一款基于热释电效应的人体热释运动传感器，能检测到人体或者动物身上发出的红外线[213]。该传感器模块可以通过两个旋钮调节检测 3 ~ 7 m 的范围、5 s ~ 5 min 的延迟时间，还可以通过跳线来选择单次触发以及重复触发模式。

HC – SR501 引脚以及控制和调节 HC – SR501 针脚的细节如表 4 – 1 所列。

表 4 – 1　HC – SR501 针脚说明

针脚以及控制	功能
时间延迟调节	用于调节在检测到移动后，维持高电平输出的时间长短，可以调节范围 5 s ~ 5 min
感应距离调节	用于调节检测范围
检测模式条件	可选择单次检测模式和连续检测模式
GND	接地引脚
VCC	接电源引脚
输出针脚	没有检测到移动输出低电平，检测到移动输出高电平

时间延迟、距离调节方法如下。

1. 时间延迟调节

将菲涅尔透镜朝上，左边旋钮调节时间延迟，顺时针方向旋转可增加延迟时间，逆时针方向旋转可减少延迟时间。

2. 距离调节

将菲涅尔透镜朝上，右边旋钮调节感应距离长短，顺时针方向旋转可减少

距离，逆时针方向旋转可增加距离[214]。

3. 单次检测模式

传感器检测到移动，输出高电平后，延迟一段时间，输出自动从高电平变成低电平。

4. 连续检测模式

传感器检测到移动，输出高电平后，如果人体继续在检测范围内移动，传感器一直保持高电平，直到人体离开后才将高电平变为低电平。

两种检测模式的区别就在检测移动触发后，人体若继续移动，是否持续输出高电平。接下来进行 HC‒SR501 简单功能试验，学会使用 HC‒SR501 传感器。

首先，需要备齐表 4‒2 所示列的器件。

表 4‒2 HC‒SR501 简单功能实验所需器件

名称	数量
Arduino UNO	1
HC‒SR501	1
导线	若干

然后，将 Arduino 与传感器按图 4‒12 进行连接。接下来，将以下程序编译上传到 Arduino 上。例如：

```
int ledPin=13;
int pirPin=7;
int pirValue;
int sec=0;
void setup()
{
    pinMode(ledPin,OUTPUT);
    pinMode(pirPin,INPUT);
      digitalWrite(ledPin,LOW);
    Serial.begin(9600);
}
void loop()
{
    pirValue=digitalRead(pirPin);
    digitalWrite(ledPin,pirValue);
```

```
//以下注释可以观察传感器输出状态
//sec+=1;
//Serial.print("Second:");
//Serial.print(sec);
//Serial.print("PIR value:");
//Serial.print(pirValue);
//Serial.print('\n');
//delay(1000);
}
```

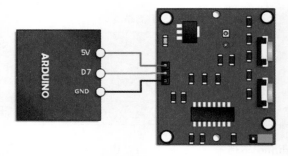

图4-12   Arduino和超声波传感器连接示意图

完成以上步骤后，将 Arduino 通电，如果一切正常的话，那么在传感器向前移动时，Arduino 上的 LED 会亮，然后可以通过更改跳线接法体验不同检测模式的区别。

4.3   皮肤虽粗有感觉

乌龟看起来其貌不扬，皮肤粗粗的，动作慢慢的，其实它的触觉还是很灵的，只要一碰它，乌龟马上就会把头和四肢缩进龟壳里。仿龟机器人要有触觉就得装备触觉传感器。

4.3.1   触觉传感器的分类

触觉是人或某些生物与外界环境直接接触时的重要感觉功能，而触觉传感器（见图4-13）就是用于模仿人或某些生物触觉功能的一种传感器。研制高性能、高灵敏度、满足使用要求的触觉传感器是机器人发展中的关键技术之一。随着微电子技术的发展和各种新材料、新工艺的不断出现与广泛应用，人们已经提出了多种多样的触觉传感器研制方案，展现了触觉传感器发展的美好前景。目前，这些方案大都还处于实验室样品试制阶段，达到产品化、市场化要求的不多，因而人们还需加快触觉传感器研制的步伐。

图 4 - 13　触觉传感器实物图

触觉传感器按功能大致可分为接触觉传感器、力 - 力矩觉传感器、压觉传感器和滑觉传感器等。

4.3.2　触觉传感器的工作原理

1. 接触觉传感器

接触觉传感器是一种用以判断机器人（主要指机器人四肢）是否接触到外界物体或测量被接触物体特征的传感器，主要有微动开关式、导电橡胶式、含碳海绵式、碳素纤维式、气动复位式等类型，下面分别介绍[215]。

1）微动开关式接触觉传感器。

该类型传感器（见图 4 - 14）主要由弹簧和触头构成。触头接触外界物体后离开基板，使得信号通路断开，从而测到与外界物体的接触。这种常闭式（未接触时一直接通）微动开关优点是结构简单、使用方便；缺点是易产生机械振荡和触头易发生氧化。

2）导电橡胶式接触觉传感器。

该类型传感器（见图 4 - 15）以导电橡胶为敏感元件。当触头接触外界物体受压后，压迫导电橡胶，使其电阻发生改变，从而使流经导电橡胶的电流发生变化。这种传感器的优点是具有柔性；缺点是由于导电橡胶的材料配方存在差异，出现的漂移和滞后特性往往并不一致。

图 4-14　微动开关式接触觉传感器

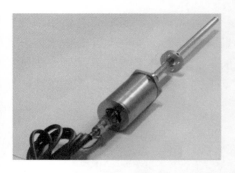

图 4-15　导电橡胶式接触觉传感器

3）含碳海绵式接触觉传感器。

该类型传感器（见图 4-16）在基板上装有海绵构成的弹性体，在海绵中按阵列布以含碳海绵。当其接触物体受压后，含碳海绵的电阻减小，使流经含碳海绵的电流发生变化，测量该电流的大小，便可确定受压程度。这种传感器也可用作压觉传感器，该传感器的优点是结构简单、弹性良好、使用方便，缺点是碳素分布的均匀性直接影响测量结果和受压后的恢复能力较差。

4）碳纤维式接触觉传感器。

该类型传感器以碳素纤维为上表层，下表层为基板，中间装以聚氨基甲酸酯和金属电极。接触外界物体时，碳纤维受压与电极接触导电，于是可以判定发生接触。该传感器的优点是柔性好，可装于机械手臂曲面处，使用方便；缺点是滞后较大。

5）气动复位式接触觉传感器。

该类型传感器（见图 4-17）具有柔性绝缘表面，受压时变形，脱离接触时则由压缩空气作为复位的动力。与外界物体接触时其内部的弹性圆泡（铍铜箔）与下部触点接触而导电，由此判定发生接触。该传感器的优点是柔性好、可靠性高；缺点是需要压缩空气源、使用时稍显复杂。

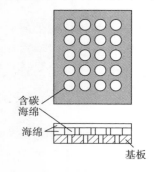

图 4-16　含碳海绵式接触觉
　　　　传感器的基本结构

图 4-17　气动复位式接触觉传感器

2. 力 – 力矩觉传感器

力 – 力矩觉传感器是用于测量机器人自身或与外界相互作用而产生的力或力矩的传感器[216]。它通常装在机器人各关节处。众所周知，在笛卡儿坐标系中，刚体在空间的运动可用表示刚体质心位置的 3 个笛卡儿坐标和分别绕 3 个直角坐标轴旋转的角度坐标来描述。人们可以用一些不同结构的弹性敏感元件感受机器人关节在 6 个自由度上所受的力或力矩，再由粘贴其上的应变片将力或力矩的各个分量转换为相应的电信号。常用的弹性敏感元件其结构形式有十字交叉式、3 根竖立弹性梁式和 8 根弹性梁横竖混合式等。图 4 – 18 所示为 3 根竖立弹性梁六自由度力觉传感器的结构简图。由图可见，在 3 根竖立梁的内侧均粘贴着张力测量应变片，在外侧则都粘贴着剪切力测量应变片，这些测量应变片能够准确测量出对应的张力和剪切力变化情况，从而构成 6 个自由度上的力和力矩分量输出。

3. 压觉传感器

压觉传感器是测量机器人在接触外界物体时所受压力和压力分布的传感器。它有助于机器人对接触对象的几何形状和材质硬度进行识别。压觉传感器的敏感元件可由各类压敏材料制成，常用的有压敏导电橡胶、由碳纤维烧结而成的丝状碳纤维片和绳状导电橡胶的排列面等。图 4 – 19 所示为一种以压敏导电橡胶为基本材料所构成的压觉传感器。由图可见，在导电橡胶上面附有柔性保护层，下部装有玻璃纤维保护环和金属电极。在外部压力作用下，导电橡胶的电阻发生变化，使基底电极电流产生相应变化，从而检测出与压力成一定关系的电信号及压力分布情况。通过改变导电橡胶的渗入成分可控制电阻的大小。例如渗入石墨可加大导电橡胶的电阻，而渗碳或渗镍则可减小导电橡胶的电阻。通过合理选材和精密加工，即可制成高密度分布式压觉传感器。这种传感器可以测量细微的压力分布及其变化，堪称优良的"人工皮肤"[217]。

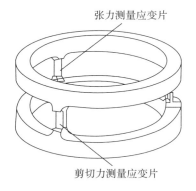

图 4 – 18　竖梁式六自由度力觉
传感器结构图

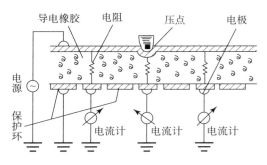

图 4 – 19　高密度分布式压觉传感器
工作原理图

4. 滑觉传感器

滑觉传感器可用于判断和测量机器人抓握或搬运物体时物体产生的滑移现象[218]。它实际上是一种位移传感器。按有无滑动方向检测功能，该传感器可分为无方向性、单方向性和全方向性三类，下面分别进行介绍。

1）无方向性滑觉传感器。

该类型传感器主要为探针耳机式，主要由蓝宝石探针、金属缓冲器、压电罗谢尔盐晶体和橡胶缓冲器组成。当滑动产生时探针产生振动，由罗谢尔盐晶体将其转换为相应的电信号。缓冲器的作用是减小噪声的干扰。

2）单方向性滑觉传感器。

该类型传感器主要为滚筒光电式。工作时，被抓物体的滑移会使滚筒转动，导致光敏二极管接收到透过码盘（装在滚筒的圆面上）射入的光信号，通过滚筒的转角信号（对应着射入的光信号）而测量出物体的滑动。

3）全方向性滑觉传感器。

该类型传感器采用了表面包有绝缘材料并构成经、纬分布的导电与不导电区的金属球，如图 4 - 20 所示。

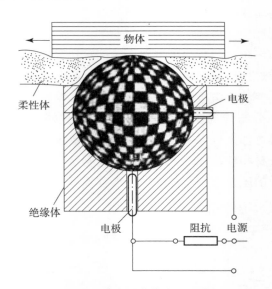

图 4 - 20　球式滑觉传感器工作原理

当传感器接触物体并产生滑动时，这个金属球就会发生转动，使球面上的导电与不导电区交替接触电极，从而产生通断信号，通过对通断信号的计数和判断即可测出滑移的大小和方向。

第 **5** 章
一起来做可爱的仿龟机器人

5.1 仿龟机器人零件的加工

5.1.1 生成二维切割图纸

随着激光加工技术的不断成熟与推广，素日高端的激光加工设备有些目前已降低身价进入了中小学，所以可以采用激光切割机作为仿龟机器人相关结构零件的加工设备。这些激光切割机可以极为高效地加工 ABS 工程塑料或亚克力板材，可为青少年学生制作属于自己的机器人助力。但是，在加工仿龟机器人相关零件之前，还需要先将三维实体设计模型转为可用于激光切割加工的二维图纸。

1. 新建工程图文件

在 SOLIDWORKS 软件中选择新建文件，单击"工程图"按钮，创建工程图，如图 5 - 1 所示。

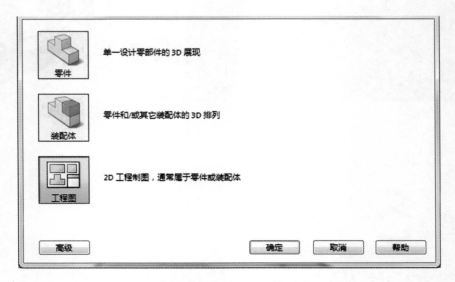

图 5 - 1　新建工程图界面

2. 插入模型

在这一环节可选择插入模型，如图 5 - 2 所示。

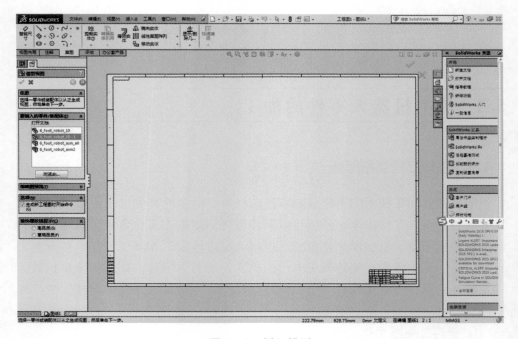

图 5 - 2　插入模型

3. 设置投影视图和视图比例

在软件界面中设置投影视图和视图比例，如图 5 - 3 所示。

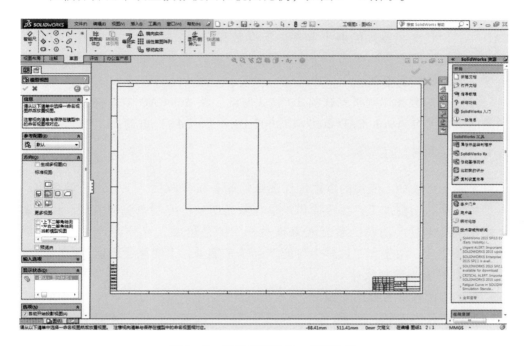

图 5 - 3　设置投影视图、视图比例

4. 生成 AutoCAD 默认 dwg 格式图纸

在软件中选择文件，并将其另存为 dwg 格式（. dwg），如图 5 - 4 所示。

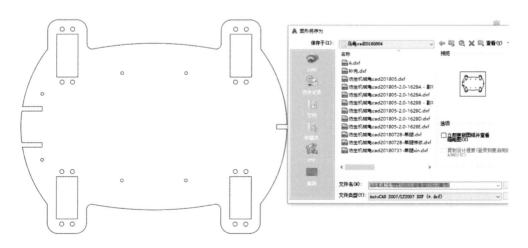

图 5 - 4　生成 dwg 格式图纸

上述步骤完成之后，即可对工程图纸做进一步处理，具体可依照下述步骤进行操作。

（1）排版与布局。用 AutoCAD 打开先前生成的 dwg 格式图纸，在 Auto-CAD 中，对仿龟机器人的各个零件进行排版和布局，主要根据购买的 ABS 板或亚克力板的尺寸进行布局。在排版时如果材料足够，应该考虑多加工一些常用零件或易损坏的零件。

（2）生成激光切割机默认的 dxf 格式图纸。在 AutoCAD 中，将上述处理过的图形文件另存为 AutoCAD 2007/LT2007 DXF（＊.dxf）备用。

5.1.2　切割并加工零件

完成了可供加工使用的零件工程图纸的制备工作以后，便可进行仿龟机器人相关零件的切割加工，主要操作均是在激光切割机控制电脑中完成。由于激光切割机工作时大功率的激光光束具有一定的危险性，必须高度注意人身防护，确保安全。由于加工过程中可能产生较多烟尘，请注意通风换气。

1. 打开激光切割软件

激光切割软件主界面如图 5 - 5 所示。

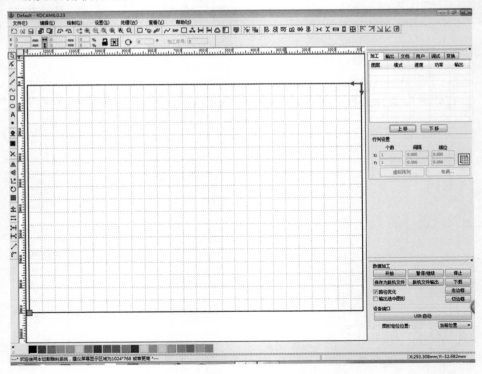

图 5 - 5　切割软件界面

2. 导入图纸

将切割文件导入软件，选择并导入先前备好的 dxf 格式图纸，如图 5 – 6 所示。

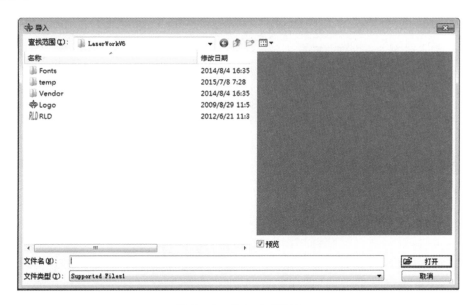

图 5 –6　导入 dxf 图纸

3. 设置切割参数

双击图层参数，设置速度、加工方式、激光功率等参数，如图 5 – 7 所示。

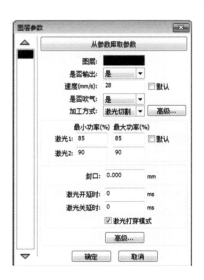

图 5 –7　设置切割参数

　　完成上述步骤后即可单击"开始加工"按钮，操作激光切割机进行仿龟机器人相关零件的切割加工。经过激光切割获得的仿龟机器人零件版图如图 5 – 8 所示。

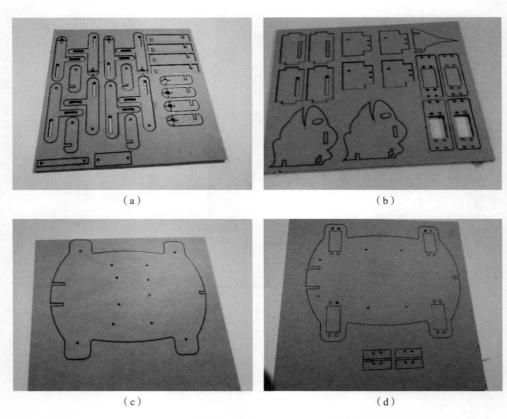

（a）　　　　　　　　　　　　　（b）

（c）　　　　　　　　　　　　　（d）

图 5 – 8　仿龟机器人激光切割零件版图
（a）版图一；（b）版图二；（c）版图三 ；（d）版图四

5.2　仿龟机器人单腿的组装

　　单腿组装是仿龟机器人系统组装过程中最重要的一环，也是最复杂的一环，完成了单腿的装配工作后，余下的装配任务就变得简单易行。因而下面将重点介绍仿龟机器人单腿的装配方法、操作步骤和注意事项。

　　（1）首先将髋关节第三连接件与舵机支架通过螺钉与螺母连接起来，其结果如图 5 – 9 所示。

（2）将上述连接好的组件插入髋关节上板连接件的孔位中，其结果如图 5 – 10 所示。

图 5 – 9　组装步骤（1）的结果　　　图 5 – 10　组装步骤（2）的结果

（3）将舵机 **MG996R** 插入髋关节第三连接件对应孔位中，并加以固定，其组装情况及效果如图 5 – 11、图 5 – 12 所示。

图 5 – 11　组装步骤（3）的结果　　　图 5 – 12　组装步骤（3）的结果

　　　　　（正面）　　　　　　　　　　　　（反面）

（4）将髋关节第一连接件与组装步骤三所得组件装配在一起，如图 5 – 13 所示。

（5）将髋关节第二连接件与组装步骤（4）所得组件装配在一起，如图 5 – 14 所示。

图 5 – 13　组装步骤（4）的结果　　　　图 5 – 14　组装步骤（5）的结果

（6）将底板与组装步骤（5）所得组件装配在一起，如图 5 – 15 所示。

图 5 – 15　组装步骤（6）的结果

（7）将腿部 A 板与舵机码盘连接起来，如图 5 – 16 所示。

（8）将舵机与舵机码盘固连在一起，如图 5 – 17 所示。

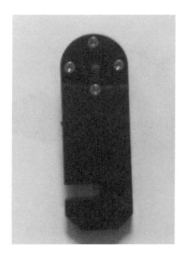

图 5 – 16　组装步骤（7）的结果

图 5 – 17　组装步骤（8）的结果

（9）将腿部 B 板、腿部 C 板与组装步骤所得组件连接起来，其结果如图 5 – 18 所示。

（10）将髋关节舵机与组装步骤（9）所得组件固连起来，至此，仿龟机器人单腿的零部件就组装完毕，最终装配结果如图 5 – 19 所示。

图 5 – 18　组装步骤（9）的结果

图 5 – 19　仿龟机器人单腿组装结果

5.3　仿龟机器人整体的组装

相对单部分组装而言，仿龟机器人整体的组装比较容易，为此，可将先前组装好的四个仿龟机器人单腿及机器人头部、尾部备齐，并摆好，然后依照对应关系将这些部件组装起来，于是得到仿龟机器人最终的整体效果如图 5 – 20 所示。

　　仿龟机器人组装任务的完成并不意味着所有工作都已结束，我们还要对仿龟机器人进行零位调整。机器人零位是机器人操作系统的初始位置。在仿龟机器人装配完毕并对控制板通电后，因为各个关节驱动舵机的初始位置不同，可能会出现零位不准的情况。当零位不正确时，机器人就不能正确运动，因此还需要将舵

图 5 – 20　仿龟机器人整体效果图

机与对应的连接件分离。通电之后，使舵机恢复初始位置，然后再重新装配，使机器人各关节舵机恢复至规定零位。

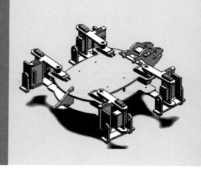

第 6 章
让仿龟机器人会思考

6.1 仿龟机器人的大脑

仿龟机器人的控制系统是其重要的组成部分，其作用就相当于人的大脑，它负责接收外界的信息与命令，并据此形成控制指令，控制仿龟机器人做出反应。对于仿龟机器人来说，控制系统包含对仿龟机器人本体工作过程进行控制的控制器、机器人专用的传感器，以及机器人运动伺服驱动系统等[219]。

6.1.1 仿龟机器人控制系统的基本组成

仿龟机器人的控制系统主要由控制器、执行器、被控对象和检测变送单元四个部分组成。各部分的功能如下。

（1）控制器用于将检测变送单元的输出信号与设定值信号进行比较，按一定的控制规律对其偏差信号进行运算，并将运算结果输出到执行器。控制器可以用来模拟仪表的控制器，或用来模拟由微处理器组成的数字控制器。仿龟机器人的控制器就是选用数字控制器式的 Arduino 进行控制的。

（2）执行器是控制系统环路中的最终元件，它直接用于操纵变量变化。执行器接收控制器的输出信号，改变操纵变量。执行器可以是气动薄膜控制阀、带电气阀门定位器的电动控制阀，也可以是变频调速电机等。在本书所描述的仿龟机器人身上选用了较为高级的芯片，其输出的 PWM 信号可以直接控制舵机转动，故本控制系统的执行器内嵌在控制器中了。

（3）被控对象是需要进行控制的设备，在仿龟机器人中，被控对象就是机器人各个关节的舵机。

（4）检测变送单元用于检测被控变量，并将检测到的信号转换为标准信号输出。例如，在仿龟机器人的控制系统中，检测变送单元用来检测舵机转动的角度，以便做出适时的调整。

上述四部分的关系如图 6 - 1 所示。

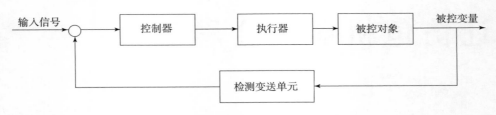

图 6 - 1　控制系统组成示意图

6.1.2　仿龟机器人控制系统的工作机理

机器人控制系统的工作机理决定了机器人的控制方式，也就是决定了机器人将通过何种方式进行运动。常见的机器人控制方式有以下五种。

1. 点位式

这种控制方式适合于要求机器人能够准确控制末端执行器位姿的应用场合，与路径无关。主要应用实例有焊接机器人。对于焊接机器人来说，只需要控制系统能够识别末端焊缝即可，而不需要关心机器人的其他位姿。

2. 轨迹式

这种控制方式要求机器人按示教的轨迹和速度进行运动，主要用于示教机器人。

3. 程序控制系统

这种控制系统给机器人的每一个自由度均施加一定规律的控制作用，机器人就可实现要求的空间运动轨迹。这种控制系统较为常用，仿龟机器人的控制系统：首先通过预先编程；然后将编好的程序下载到 Arduino 上；最后通过遥控器调取程序进行控制的。

4. 自适应控制系统

当外界条件变化时，为了保证机器人所要求的控制品质，或者为了根据经验的积累而自行改善机器人的控制品质，就可采用自适应控制系统[220]。该系统的控制过程是基于操作机的状态和伺服误差的观察，再调整非线性模型的参数，一直到误差消失为止。这种系统的结构和参数能随时间和条件自动改变，并且具有一定的智能性。

5. 人工智能控制系统

对于那些事先无法编制运动控制程序，但又要求在机器人运动过程中能够根据所获得的周围状态信息，实时确定机器人的控制作用的应用场合，就可采用人工智能控制系统。这种控制系统比较复杂，主要应用在大型复杂系统的智能决策中。

机器人控制系统的基本原理是：检测被控变量的实际值，首先将输出量的实际值与给定输入值进行比较得出偏差；然后使用偏差值产生控制调节作用以消除偏差，使得输出量能够维持期望的输出。在本书介绍的仿龟机器人控制系统中，由遥控器发出移动至目标位置的命令，经控制系统后输出 PWM 信号，驱动机器人关节转动，再由检测系统检测关节转角，进行调整。当命令是连续的时，机器人的关节就可持续转动了。

6.1.3　仿龟机器人控制系统的主要作用

机器人除了需要具备以上功能外，如果要提高机器人性能还需要增加一些其他功能，以方便其开展人机交互和读取系统的参数信息。

1. 记忆功能

在机器人控制系统中，设置有 SD 卡，可以存储仿龟机器人各关节的各种运动信息、位置姿态信息以及控制系统运行信息。

2. 示教功能

机器人控制系统配有示教装置，如图 6 - 2 所示。通过示教，寻找机器人最优的姿态。

3. 与外围设备联系功能

这些联系功能主要通过输入和输出接口、通信接口予以实现。

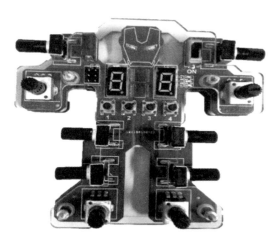

图 6 - 2　机器人示教装置

4. 传感器接口

机器人传感系统中包含有位置检测传感器、视觉传感器、触觉传感器和力觉传感器等。这些传感器随时都在采集机器人的内外部信息，并将其传送到控制系统中，这些工作都需要传感器接口来完成。

5. 位置伺服功能

机器人的多轴联动、运动控制、速度和加速度控制等工作都与其位置的伺服功能相关，这些都是在程序中实现的。

6. 故障诊断安全保护功能

机器人的控制系统时时刻刻监视着其运行状态，并完成故障状态下的安全保护。本系统在程序中时刻检测着机器人的运行状态，一旦仿龟机器人发生故障，就停止其工作，以保护机器人。

由此可知，机器人控制系统之所以能够完成这么复杂的控制任务，主要归功于控制器，而控制器的核心即是控制芯片，例如，单片机、DSP、ARM 和 Arduino 等嵌入式控制芯片。

6.2 大脑的神经元——单片机

6.2.1 单片机的工作原理

单片机（Microcontroller）是一种集成电路芯片（见图 6-3），是采用超大规模集成电路技术把具有数据处理能力的中央处理器（CPU）、随机存储器（RAM）、只读存储器（ROM）、多种 I/O 口和中断系统、定时器/计数器等功能（可能还包括显示驱动电路、脉宽调制电路、模拟多路转换器、A/D 转换器等电路）集成到一块硅片上构成的一个小巧而完善的微型计算机系统，在控制领域应用十分广泛[221-222]。

图 6-3 单片机

单片机自动完成赋予其任务的过程就是单片机执行程序的过程，即执行具体一条条指令的过程[223]。指令就是把要求单片机执行的各种操作用命令的形式写下来，这是在设计人员赋予它的指令系统时所决定的，一条指令对应着一种基本操作。单片机所能执行的全部指令就是该单片机的指令系统，不同种类的单片机其指令系统也不相同。为了使单片机能够自动完成某一个特定任务，必须把要解决的问题编成一系列指令（这些指令必须是单片机能够识别和执行的指令），这一系列指令的集合就称为程序。程序需要预先存放在具有存储功能的部件——存储器中。存储器由许多存储单元（最小的存储单位）组成，就像摩天大楼是由许多房间组成一样，指令就存放在这些单元里。众所周知，摩天大楼的每个房间都被分配了唯一的一个房号，同样，存储器的每一个存储单元也必须被分配唯一的地址号，该地址号称为存储单元的地址。只要知道了存储单元的地址，就可以找到这个存储单元，其中存储的指令就可以十分方便地取出，然后再被执行。程序通常是按顺序执行的，所以程序中的指令也是一条条顺序存放的。单片机在执行程序时要能把这些指令一条条取出并加以执行，必须有一个部件能追踪指令所在的地址，这一部件就是程序计数器 PC（包含在 CPU 中）。在开始执行程序时，给 PC 赋以程序中第一条指令所在的地址，然后取得每一条要执行的命令，PC 中的内容就会自动增加，增加量由本条指令长度决定，可能是 1、2 或 3，以指向下一条指令的起始地址，保证指令能够顺序执行。

6.2.2　单片机系统与计算机的区别

将微处理器（CPU）、存储器、I/O 接口电路和相应的实时控制器件集成在一块芯片上所形成的系统称为单片微型计算机，简称单片机。单片机在一块芯片上集成了 ROM、RAM、Flash 存储器，外部只需要加电源、复位、时钟电路，就可以成为一个简单的系统。单片机与计算机的主要区别有以下几点。

（1）计算机的 CPU 主要面向数据处理，其发展途径主要围绕数据处理功能、计算速度和精度的进一步提高而展开。单片机主要面向控制，控制中的数据类型及数据处理相对简单，所以单片机的数据处理功能比通用计算机相对要弱一些，计算速度和精度也相对要低一些。

（2）计算机中存储器组织结构主要针对增大存储容量和 CPU 对数据的存取速度。单片机中存储器的组织结构比较简单，存储器芯片直接挂接在单片机的总线上，CPU 对存储器的读/写按直接物理地址来寻址存储器单元，存储器的寻址空间一般都为 64KB。

（3）通用计算机中 I/O 接口主要考虑标准外设，如阴极射线管（CRT）、标准键盘、鼠标、打印机、硬盘、光盘等。单片机的 I/O 接口实际上是向用户提供的与外设连接的物理界面，用户对外设的连接要设计具体的接口电路，需要有熟练的接口电路设计技术。

简单而言，单片机就是一个集成芯片外加辅助电路构成的一个系统。由计算机配以相应的外围设备（如打印机）及其他专用电路、电源、面板、机架以及足够的软件就可构成计算机系统。

6.2.3 单片机的驱动外设

单片机的驱动外设一般包括串口控制模块、串行外设接口（SPI）模块、I^2C 模块、A/D 模块、PWM 模块、CAN 模块、EEPROM 和比较器模块等，它们都集成在单片机内部，有相对应的内部控制寄存器，可通过单片机指令直接控制。有了上述功能，控制器就可以不依赖复杂编程和外围电路而实现某些功能。

使用数字 I/O 端口可以进行跑马灯试验，通过将单片机的 I/O 引脚位进行置位或清零，可用来点亮或关闭 LED。串口接口的使用是非常重要的，通过这个接口，可以使单片机与计算机之间交换信息；使用串口接口也有助于掌握目前最为常用的通信协议；也可以通过计算机的串口调试软件来监视单片机实验板的数据。利用 I^2C、SPI 通信接口进行扩展外设是最常用的方法，也是非常重要的方法。这两个通信接口都是串行通信接口，典型的基础实验就是 I^2C 的 EEPROM 试验与 SPI 的 SD 卡读/写试验。单片机目前基本都自带多通道 A/D 转换器，通过这些 A/D 转换器可以利用单片机获取模拟量，用于检测电压、电流等信号，使用者要分清模拟地与数字地、参考电压、采样时间、转换速率、转换误差等重要概念。目前，主流的通信协议有：USB 协议——下位机与上位机高速通信接口；TCP/IP——万能的互联网使用的通信协议；工业总线——诸如 Modbus，CANOpen 等各个工业控制模块之间通信的协议。

6.2.4 单片机的编程语言

如前所述，为了使单片机能够自动完成某一特定任务，必须把要解决的问题编成一系列指令，这一系列指令的集合就是程序。好的程序可以提高单片机的工作效率。

1. 机器语言

单片机是一种大规模的数字集成电路，它只能识别 0 和 1 这样的二进制代码。以前在单片机开发过程中，人们用二进制代码编写程序，然后再把所编写的二进制代码程序写入单片机，单片机执行这些代码程序就可以完成相应的程序任务。

用二进制代码编写的程序称为机器语言程序。在用机器语言编程时，不同的指令用不同的二进制代码代表，这种二进制代码构成的指令就是机器指令。在使用机器语言编写程序时，由于需要记住大量的二进制代码指令以及这些代码代表的功能，十分不便并且容易出错，现在已经很少有人采用机器语言对单片机进行编程了。

2. 汇编语言

由于机器语言编程极为不便，人们便用一些富有意义且容易记忆的符号表示不同的二进制代码指令，这些符号称为助记符。用助记符表示的指令称为汇编语言指令，用助记符编写出来的程序称为汇编语言程序。例如，下面两行程序的功能是一样的，都是将二进制数据00000010送到累加器 A 中，但是它们的书写形式不同：

01110100 00000010（机器语言）

MOV A,#02H（汇编语言）

从以上编码可以看出，机器语言程序要比汇编语言程序难写，并且很容易出错。

单片机只能识别机器语言，所以汇编语言程序要翻译成机器语言程序，再写入单片机中。一般都是用汇编软件自动将汇编语言翻译成机器指令。

3. 高级语言

高级语言是依据数学语言设计的，在用高级语言编程时不用过多地考虑单片机的内部结构[224]。与汇编语言相比，高级语言易学易懂，而且通用性很强，因此得到人们的喜爱与重视。高级语言的种类很多，如 B 语言、Pascal 语言、C 语言和 Java 语言等。单片机常用 C 语言作为高级编程语言。

单片机不能直接识别高级语言书写的程序，因此也需要用编译器将高级语言程序翻译成机器语言程序后再写入单片机。

在上面三种编程语言中，高级语言编程较为方便，但实现相同的功能，汇编语言代码较少，运行效率较高。另外对于初学单片机的人员，学习汇编语言编程有利于更好地理解单片机的结构与原理，也能为以后学习高级语言编程打下扎实的基础。

6.3 大脑的左半球——DSP 控制技术

6.3.1 DSP 简介

数字信号处理器（Digital Signal Processor, DSP，见图 6 - 4）是一种独特的微处理器，它采用数字信号处理大量信息[225-226]。工作时，它先将接收到的模拟信号转换为 0 或 1 的数字信号，再对数字信号进行修改、删除、强化，并在其他系统芯片中把数字数据解译回模拟数据或实际环境格式。DSP 不仅具有可

图 6 - 4 DSP 处理器

编程性，而且其实时运行速度极快，可达每秒数以千万条复杂指令程序，远远超过通用 CPU 的运行速度，是数字化电子世界中重要性日益增加的电脑芯片。强大的数据处理能力和超高的运行速度是其最值得称道的两大特色。超大规模集成电路工艺和高性能 DSP 技术的飞速发展使得机器人技术如虎添翼。

6.3.2　DSP 的特点

DSP 的内部采用程序和数据分开的哈佛结构，具有专门的硬件乘法器，广泛采用流水线操作模式，提供特殊的 DSP 指令，可以用来快速实现各种数字信号处理算法[227]。根据数字信号处理的相关要求，DSP 芯片一般具有如下特点。

（1）在一个指令周期内可完成一次乘法和一次加法；

（2）程序和数据空间分开，可以同时访问指令和数据；

（3）片内具有 Flash 存储器，通常可通过独立的数据总线在两块中同时访问；

（4）具有低开销或无开销循环及跳转的硬件支持；

（5）具有快速中断处理和硬件 I/O 支持功能；

（6）具有在单周期内操作的多个硬件地址产生器；

（7）可以并行执行多个操作；

（8）支持流水线操作，使取指、译码和执行等操作可以重叠进行。

6.3.3　DSP 的驱动外设

DSP 使用外设的方法与典型的微处理器有所不同，微处理器主要用于控制，DSP 则主要用于实时数据的处理[228]。它通过提供采样数据的持续流迅速地从外设移至 DSP 核心实现优化，从而形成了与微处理器在架构方面的差异。

目前，美国 TI（德州仪器）公司出产的 DSP 应用十分广泛，并且随着 DSP 功能越来越强、性能越来越好，其片上外设的种类及应用也日趋复杂[229]。DSP 程序开发包含两方面内容：一是配置、控制、中断等管理 DSP 片内外设和接口的硬件相关程序；二是基于应用的算法程序。在 DSP 这样的系统结构下，应用程序与硬件相关程序结合在一起，限制了程序的可移植性和通用性。但是，通过建立硬件驱动程序的合理开发模式，可使上述现象得到改善。硬件驱动程序最终以函数库的形式被封装起来，应用程序则无须关心其底层硬件外设的具体操作，只需通过调用底层程序，驱动相关标准的 API 与不同外设接口进行操作即可。

6.3.4　DSP 的编程语言

DSP 本质上是一个非常复杂的单片机，使用机器语言和汇编语言进行编程的难度很大，开发周期也比较漫长，所以一般选用高级语言为 DSP 编程。一般而言，C 语言是人们的首选。为编译 C 代码，芯片公司推出了各自的开发平台以供开发者使用。例如 TI 公司出产的 DSP 采用 CCS 开发平台（见图 6 - 5）；ADI 公司出产的 DSP 则采用了 VDSP++ 开发平台（见图 6 - 6）[230]。

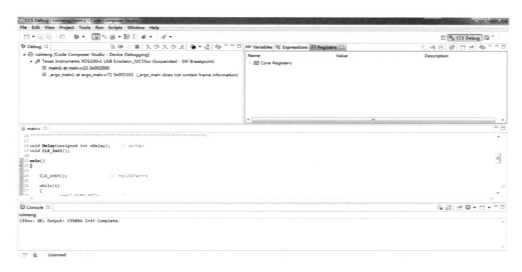

图 6 - 5   CCS 开发平台

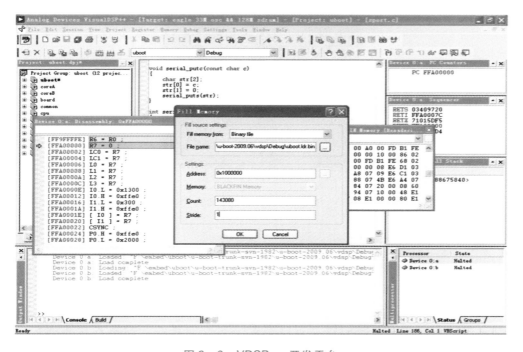

图 6 - 6   VDSP++ 开发平台

6.4 大脑的右半球——ARM 控制技术

6.4.1 ARM 简介

高级精简指令集机器（Advanced RISC Machine，ARM，见图 6 - 7）是一个 32 位精简指令集的处理器架构[231-232]，广泛用于嵌入式系统设计。ARM 开发板根据其内核可以分为 ARM7、ARM9、ARM11、Cortex - M 系列、Cortex - R 系列、Cortex - A 系列等。其中，Cortex 是 ARM 公司出产的最新架构，占据了很大的市场份额。Cortex - M 是面向微处理器用途的；Cortex - R 系列是针对实时系统用途的；Cortex - A 系列是面向尖端的基于虚拟内存的操作系统和用户应用的。由于 ARM 公司只对外提供 ARM 内核，各大厂商在授权付费使用 ARM 内核的基础上研发生产各自的芯片，形成了嵌入式 ARM CPU 的大家庭。提供这些内核芯片的厂商有 Atmel、TI、飞思卡尔、NXP、ST、三星等公司。

图 6 - 7　STM 32F103

6.4.2 ARM 的特点

ARM 内核采用精简指令集计算机（RISC）体系结构，是一个小门数的计算机，其指令集和相关的译码机制比复杂指令集计算机（CISC）要简单得多，其目标就是设计出一套能在高时钟频率下单周期执行的简单而高效的指令集[233]。RISC 的设计重点在于降低处理器中指令执行部件的硬件复杂度，这是因为软件比硬件更容易提供更大的灵活性和更高的智能水平。因此，ARM 具备了非常典型的 RISC 结构特性。

（1）具有大量的通用寄存器。

（2）通过装载/保存（load – store）结构使用独立的 load 和 store 指令完成数据在寄存器和外部存储器之间的传送，处理器只处理寄存器中的数据，从而避免多次访问存储器。

（3）寻址方式非常简单，所有装载/保存的地址都只由寄存器内容和指令域决定。

（4）使用统一和固定长度的指令格式。

这些在基本 RISC 结构上增强的特性使 ARM 处理器在高性能、低代码规模、低功耗和小的硅片尺寸方面取得良好的平衡。

6.4.3　ARM 公司的驱动外设

ARM 公司只设计内核，将设计的内核卖给芯片厂商，芯片厂商在内核外自行添加外设。本节重点分析 STM 32 的外设。

STM 32 是一个性价比很高的处理器，具有丰富的外设资源。它的存储器片上集成着 32 ~ 512 KB 的 Flash 存储器、6 ~ 64 KB 的 SRAM，足够一般小型系统的使用；还集成着 12 通道的直接内存存取（DMA）控制器，以及 DMA 支持的外设；片上集成的定时器中包含 ADC、DAC、SPI、I^2C 和 UART；此外，它还集成着 2 通道 12 位 DAC，这是属于 STM 32F103xC、STM 32F103xD 和 STM32F103xE 所独有的；最多可达 11 个定时器，其中有 4 个 16 位定时器，每个定时器有 4 个 IC/OC/PWM 或者脉冲计数器，2 个 16 位的 6 通道高级控制定时器，最多 6 个通道可用于 PWM 输出；2 个 16 位基本定时器用于驱动 DAC。

6.4.4　ARM 的编程语言

ARM 公司的体系架构采用第三方 Keil 公司 μVision 的开发工具（目前已被 ARM 公司收购，发展为 MDK – ARM 软件），用 C 语言作为开发语言，利用 GNU 的 ARM – ELF – GCC 等工具作为编译器及链接器，易学易用，它的调试仿真工具也是 Keil 公司开发的 Jlink 仿真器。Keil 的工作界面如图 6 – 8 所示。

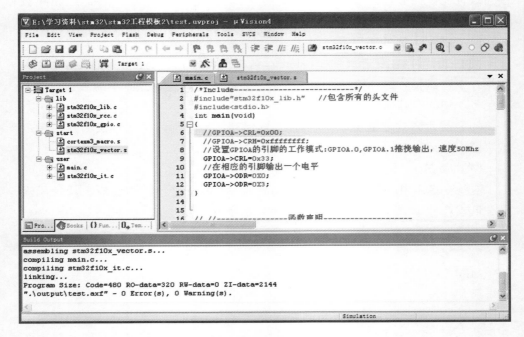

图 6-8　Keil 工作界面

6.5　仿龟机器人常用编程平台 Arduino

6.5.1　Arduino 简介

Arduino 是一款便捷灵活、上手方便的开源电子原型平台，包含硬件（各种型号的 Arduino 板）和软件（Arduino IDE）[234]。它适用于艺术家、设计师、爱好者和对于"互动"有特殊兴趣的朋友们，在业界深受欢迎。

Arduino 是一个基于开放原始码的软/硬件平台，构建于开放原始码 simple I/O 界面版，并且具有类似 Java 和 C 语言的 Processing/Wiring 开发环境。

Arduino 能通过各种各样的传感器来感知环境，通过控制灯光、电动机和其他装置反馈并影响环境。其板子上的微控制器可以通过 Arduino 编程语言编写程序，编译成二进制文件，烧录进微控制器。对 Arduino 的编程是利用 Arduino 编程语言（基于 Wiring）和 Arduino 开发环境（基于 Processing）实现的。基于 Arduino 的项目可以只包含 Arduino，也可以包含 Arduino 和其他一些在 PC 上 运 行 的 软 件 ， 它 们 之 间 可 以 通 过 通 信 （ 如 Flash， Processing）
实现[235]。

Arduino 所使用的软件都可以免费下载，硬件设计时所用到的计算机辅助
设计（CAD）文件也是遵循开源协议的，人们可以非常自由地根据自己的要求
去修改或使用它们。

Arduino 还有如下特点。

（1）开放源代码的电路图设计，程序开发接口免费下载，也可依据需求自
己进行修改[236]。

（2）使用低价格的微处理控制器（AVR 系列控制器），可以采用 USB 接
口供电，不需外接电源，也可以使用外部直流 9 V 输入。

（3）Arduino 支持 ISP 在线烧录，可以将新的引导文件固件烧入 AVR 芯
片。有了引导文件之后，可以通过串口或 USB to RS－232 线来更新固件。

（4）可依据官方提供的 Eagle 格式设计印制电路板（PCB）和 SCH 电路
图，以简化 Arduino 模组，完成独立运作的微处理控制；还可简单地与传感器
和各式各样的电子元件连接（如红外线传感器、热敏电阻、光敏电阻、伺服马
达等）

（5）支持多种互动程序。如 Flash、Max/MSP、VVVV、PD、C、Processing
等。

（6）在应用方面，利用 Arduino 可以突破以往只能使用鼠标、键盘、CCD
等装置输入的互动内容，可以更简单地达成单人或多人游戏互动。

（7）在功能方面，可以让人们快速使用 Arduino 与 Macromedia Flash、
Processing、Max/MSP、Pure Data、SuperCollider 等软件结合，做出互动作
品[237]。Arduino 可以使用现有的电子元件，例如，开关、传感器、其他控制器
件、LED、步进马达或其他输出装置。Arduino 可以独立运行，并与软件进行交
互[238]。Arduino 的 IDE 界面基于开放源代码，可以让人们免费下载使用，开发
出更多令人惊艳的互动作品。

6.5.2 Arduino 引脚分配图简介

本节将详细、系统地介绍 Arduino 开发板的硬件电路部分。具体而言，就
是介绍 Arduino UNO 开发板的引脚分配图及其定义[239]。Arduino UNO 微控制器
采用的是 Atmel 的 ATmega328。Arduino UNO 开发板的引脚分配图中包含 14 个
数字引脚、6 个模拟输入、电源插孔、USB 连接和 ICSP 插头。引脚的复用功能
提供了更多的不同选项，如驱动电动机、LED、读取传感器等。Arduino 开发板
引脚分配图如图 6－9 所示。

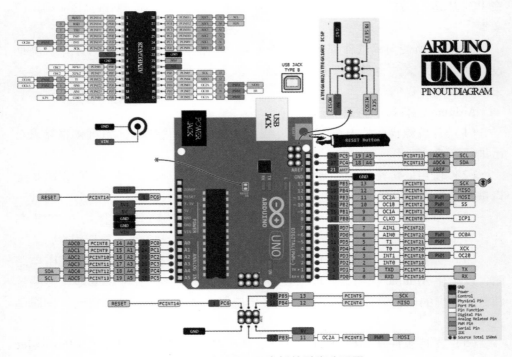

图 6 - 9　Arduino 开发板的引脚分配图

Arduino UNO 开发板可以使用三种方式供电。

（1）直流电源插孔。人们可以使用电源插孔为 Arduino UNO 开发板供电。电源插孔通常连接到一个适配器。开发板的供电范围可以是 5 ~ 20 V，但制造商建议将其保持在7 ~ 12 V 之间。高于 12 V 时，稳压芯片可能会过热，而低于 7 V 可能会供电不足。

（2）VIN 引脚。该引脚用于使用外部电源为 Arduino UNO 开发板供电。电压应控制在上述提到的范围内。

（3）USB 电缆。连接到计算机时，可提供 500 mA/5 V 电压。

Arduino 板的供电示意图如图 6 - 10 所示。

在电源插孔的正极与 VIN 引脚之间链接有一个极性保护的二极管，额定电流为 1 A。人们使用的电源决定了可用于电路的功率。例如，当人们使用 USB 为电路供电时，电流最大限制在 500 mA。考虑到该电源也用于为 MCU、外围设备、板载稳压器和与其连接的组件供电，当通过电源插座或 VIN 为电路供电时，可用的最大电流取决于 Arduino 开发板上的 5 V 和 3.3 V 稳压器。根据制造商的数据手册，它们提供稳压的 5 V 和 3.3 V，向外部组件供电。在 Arduino UNO 引脚分配图中，可以看到有 5 个 GND 引脚，它们都是互相连接的。GND

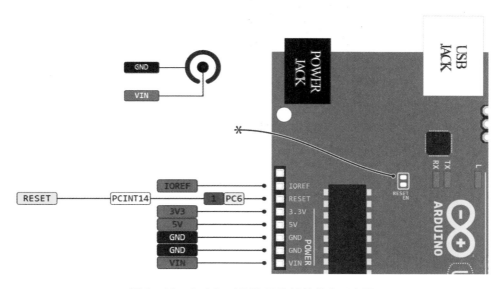

图 6 – 10　Arduino UNO 开发板的供电示意图

引脚用于闭合电路回路，并在整个电路中提供一个公共逻辑参考电平。需要注意的是：务必确保所有的 GND（Arduino、外设和组件）相互连接并且有共同点。RESET 的作用是复位 Arduino 开发板。IOREF 引脚是 I/O 参考，它提供了微控制器工作的参考电压。Arduino UNO 有 6 个模拟引脚，作为 ADC 使用。这些引脚用作模拟输入，但也可用作数字输入或数字输出。Arduino UNO 开发板的模拟引脚图如图 6 – 11 所示，数字引脚图则如图 6 – 12 所示。

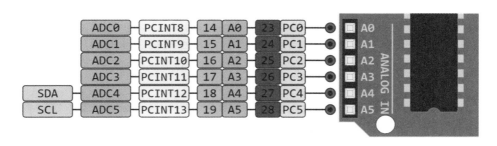

图 6 – 11　Arduino UNO 开发板的模拟引脚图

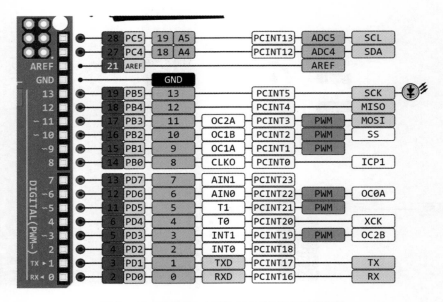

图 6 – 12　Arduino UNO 开发板的数字引脚图

为了让本书的学习者更好地掌握相关概念和知识，下面对一些专用术语进行解释。

1. 什么是 ADC？

ADC 表示从模拟信号到数字信号的转换器。实质上看，ADC 就是一种将模拟信号转换为数字信号的电子电路。模拟信号的这种数字表示方式允许处理器（其是数字设备）测量模拟信号并在其操作中使用它。

Arduino 的引脚 A0 ~ A5 能够读取模拟电压。在 Arduino 上，ADC 具有 10 位分辨率，这意味着它可以通过 1 024 个数字电平表示模拟电压。ADC 将电压转换成微处理器可以理解的内容。

ADC 常见的应用实例是 IP 语音（VoIP）。每部智能手机都有一个麦克风，可将声波（话音）转换为模拟电压，再通过设备的 ADC 转换成数字数据，而后通过互联网传输到接收端。

Arduino UNO 的引脚 0 ~ 13 用作数字 I/O 引脚。其中，引脚 13 连接到板载的 LED 指示灯；引脚 3、5、6、9、10、11 具有 PWM 功能。

这里，需要注意以下几点。

（1）每个引脚可提供/接收最高 40 mA 的电流，但推荐的电流是 20 mA。

（2）所有引脚提供的绝对最大电流为 200 mA。

2. 什么是数字电平

数字电平是一种用 0 或 1 表示 1 位电压的方式。Arduino 上的数字引脚可以根据用户需求设计为输入或输出所用的。数字引脚可以开启或关闭：开启时，它们处于 5 V 的高电平状态；关闭时，它们处于 0 的低电平状态。

在 Arduino 上，当数字引脚配置为输出时，它们设置为 0 或 5 V。当数字引脚配置为输入时，电压由外部设备提供。该电压可以在 0 ~ 5 V 之间变化，并转换成数字表示（0 或 1）。为了确定这一点，Arduino 提供有两个阈值：①低于 0. 8 V，视为 0；②高于 2. 0 V，视为 1。

将组件连接到数字引脚时，确保逻辑电平匹配。如果电压在阈值之间，则返回值将不确定。

3. 什么是 PWM?

通常，PWM（脉宽调制）是一种调制技术，用于将消息编码为脉冲信号。PWM 由频率和占空比两个关键部分组成。其中，频率决定了完成单个周期所需的时间以及信号从高到低的波动速度；占空比决定了信号在总时间段内保持高电平的时间。占空比以百分比表示。

在 Arduino 中，支持 PWM 的引脚产生约 500 Hz 的恒定频率，而占空比根据用户设置的参数而变化，如图 6 - 13 所示。

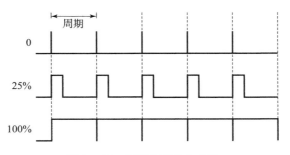

图 6 - 13　PWM 波的占空比

PWM 信号用于直流电机的速度控制和 LED 的调光等。

4. 什么是通信协议?

数字引脚 0 和 1 是 Arduino UNO 的串行（TTL）引脚，它们由板载 USB 模块使用。

1）串行通信

串行通信可用于 Arduino 板和其他串行设备（如计算机、显示器、传感器等）之间来交换数据。每块 Arduino 板上至少有一个串口。串行通信发生在数字引脚 0（RX）和 1（TX）以及 USB 上。Arduino 也支持通过数字引脚与 Software Serial Library 进行串行通信。这将允许用户连接多个支持串行的设备，并保留主串行端口可用于 USB。

2）软件串行和硬件串行

大多数微控制器都具有用于与其他串行设备进行通信的硬件。软件串行端口使用引脚更改中断系统进行通信。有一个用于软件串行通信的内置库，处理器使用软件串行模拟额外的串行端口。软件串行唯一的缺点是它需要更多的处理，并且不支持与硬件串行相同的高速处理功能。

3）串行外设接口（Serial Peripheral Interface，SPI）

它是一种串行数据协议，由微控制器与总线中的一个或多个外部设备进行通信，如连接。SPI 也可以连接两个微控制器。在 SPI 总线上，总是有一个设备表示为主设备，其余所有设备都表示为从设备。在大多数情况下，微控制器是主设备。SS（从选择）引脚确定主器件当前正在与哪个器件通信。

启用 SPI 的器件始终具有以下引脚。

（1）MISO（主从输出）。它是用于向主设备发送数据的线路。

（2）MOSI（主机输出从机输入）。它是发送数据到外围设备的主机线。

（3）SCK（串行时钟）。它是由主设备生成的用于同步数据传输的时钟信号。

SS/SCK/MISO/MOSI 引脚是 SPI 通信的专用引脚，它们可以在 Arduino UNO 的数字引脚 10 ~ 13 和 ICSP 插头上找到。

4）I^2C

SCL/SDA 引脚是 I^2C 通信的专用引脚。在 Arduino UNO 上，它们可以在模拟引脚 A4 和 A5 上找到。

I^2C 通信协议通常称为"I^2C 总线"。I^2C 协议旨在实现单个电路板上组件之间的通信。使用 I^2C 时，有两条通信线，称为 SCL 和 SDA。其中，SCL 是用于同步数据传输的时钟线，SDA 是用于传输数据的通信线。

I^2C 总线上的每个器件都有一个唯一的地址，最多可以在同一条总线上连接 255 个器件。

5）AREF

AREF 是模拟输入的参考电压。

6）中断

它包含 INT0 和 INT1。Arduino UNO 有两个外部中断引脚。

7）外部中断

外部中断是外部干扰出现时发生的系统中断。干扰可能来自用户或网络中的其他硬件设备。Arduino 中这些中断的常见用途是读取编码器产生的方波或外部事件唤醒处理器的频率。

Arduino 有两种形式的中断，即外部输入引起的中断和引脚状态变化引起的中断。ATmega168/328 上有两个外部中断引脚，称为 INT0 和 INT1。INT0 和 INT1 分别映射到引脚 2 和引脚 3 上。相反，引脚变化中断可以在任何引脚上激活。

8）Arduino UNO 引脚定义——ICSP 插头

ICSP 表示在线串行编程，该名称源自在系统编程（ISP）。Arduino 相关的制造商（如 Atmel 公司）开发了自己的在线串行编程插头。这些引脚使用户能够编程 Arduino 开发板上的固件。Arduino 开发板上有 6 个 ICSP 引脚，可通过编程电缆连接到编程器设备上。

Arduino UNO 开发板是目前市场上最流行的开发板之一，这就是为什么要在本节中着力介绍这款开发板。本节介绍了其大部分功能，但也有很多高级选项在本节中没有涉及。

6.5.3 Arduino 开发环境的搭建

获取 Arduino IDE 开发工具的地址 http://arduino.cc/en/Main/Software，下载页面如图 6 – 14 所示。

Download

Arduino 1.0.4 (**release notes**), hosted by **Google Code**:

+ **Windows**
+ **Mac OS X**
+ Linux: **32 bit**, **64 bit**
+ **source**

Next steps

Getting Started
Reference
Environment
Examples
Foundations
FAQ

图 6 – 14　下载页面

在图示下载页面（见图 6 – 14）上可以下载 release 版、Beta 版和前期版本。Arduino 具有很好的开发性，支持源码下载，支持的平台包括 Windows、MAC OS X、Linux 等。在 Windows 平台上面的 Arduino IDE 下载后为 zip 包，直接解压就可以使用。图 6 – 15 所示为 Arduino 的主界面。

图 6 – 15 对 Arduino 主界面进行了简单的功能标注说明。

关于 Arduino 的驱动安装，可先了解 Arduino UNO R3 的正面，如图 6 – 16 所示。再了解 Arduino UNO R3 的背面，如图 6 – 17 所示。

图 6 – 15　Arduino 的主界面

图 6 – 16　Arduino UNO R3 的正面

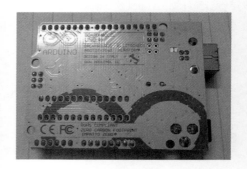
图 6 – 17　Arduino UNO R3 的背面

　　下面介绍 Arduino 的驱动安装：首先把 Arduino UNO R3 通过数据线和计算机连接。正常情况下会提示驱动安装，这里是在 Windows 10 上进行截图说明。Windows 7 上安装也是没有问题的，道理是一样的。在设备管理器中找到该设备即可，如图 6 – 18 所示。

图 6 – 18　Windows 10 设备管理器截图

6.5.4　Arduino 语言简介

　　Arduino 使用 C/C++ 语言编写程序，虽然 C++ 兼容 C 语言，但是这是两种语言，C 语言是一种面向过程的编程语言，C++ 语言是一种面向对象的编程语言[240]。早期的 Arduino 核心库使用 C 语言编写，后来引进了面向对象的思想。目前，最新的 Arduino 核心库采用 C/C++ 语言混合编写而成[241]。通常人们说的 Arduino 语言，是指 Arduino 核心库文件提供的各种应用程序编程接口（Application Programming Interface，API）的集合。这些 API 是对更底层的单片机支持库进行二次封装所形成的。例如，使用 AVR 单片机的 Arduino 的核心库是对 AVR – Libc（基于 GCC 的 AVR 支持库）的二次封装。

传统开发方式中，人们需要厘清每个寄存器的意义及之间的关系，然后通过配置多个寄存器来达到目的。而在 Arduino 中，使用了清晰明了的 API 替代纷繁复杂的寄存器配置过程，例如下面两行代码：

```
pinMode(13,OUTPUT);
digitalWrite(13,HIGH);
```

其中，pinMode（13，OUTPUT）是设置引脚的模式，这里设定了 13 号引脚为输出模式；而 digitalWrite（13，HIGH）是让 13 号引脚输出高电平数字信号。这些封装好的 API 使得程序中的语句更容易被理解，人们不用去理会单片机中那些繁杂的寄存器配置，就能直观地控制 Arduino。它在增强程序的可读性的同时，也提高了开发效率[242]。如果读者使用过 C/C++ 语言，就会发现 Arduino 的程序结构与传统的 C/C++ 结构有所不同，那就是 Arduino 程序中没有 main 函数。

其实，这里并不是 Arduino 没有 main 函数，而是 main 函数的定义隐藏在了 Arduino 的核心库文件中。Arduino 开发一般不直接操作 main 函数，而是使用 setup 和 loop 这两个函数即可。现在给出以下代码片段：

```
001          void setup()
002          {
003            // 在这里加入 setup 代码,它只会运行一次:
004          }
005          void loop()
006          {
007            // 在这里加入你的 loop 代码,它会不断重复运行:
008          }
009
```

Arduino 程序基本结构由 setup( ) 和 loop( ) 两个函数组成，Arduino 控制器通电或复位后，即开始执行 setup( ) 函数中的程序，该部分只会执行一次。通常人们会在 setup( ) 函数中完成 Arduino 的初始化设置，如配置 I/O 串口状态，初始化串口等操作[243]。

在 setup( ) 函数中的程序执行完以后，Arduino 会接着执行 loop( ) 函数中的程序，而 loop( ) 函数是一个死循环，其中的程序会不断地被重复运行[244]。通常人们会在 loop( ) 函数中完成程序的主要功能，如驱动各种模块、采集数据等。

6.5.5　C/C++语言基础

C/C++语言（C 是 C++的基础，C++语言和 C 语言在很多方面是兼容的。因此，掌握了 C 语言，再进一步学习 C++就能以一种熟悉的语法来学习面向对象的语言，从而达到事半功倍的目的）是国际上广泛流行的计算机高级语言[245,246]。绝大多数硬件开发工作均使用 C/C++语言进行，Arduino 也不例外。使用 Arduino 需要有一定的 C/C++基础，由于篇幅有限，本书仅对 C/C++ 语言基础进行简单的介绍。

1. 数据类型

在 C/C++语言程序中，对所有的数据都必须指定其数据类型。数据有常量和变量之分。需要注意的是，在 Genuino 101 与 AVR 作为核心的 Arduino 中，其部分数据类型所占用的空间和取值范围有所不同[247]。

2. 变量

在程序中数值可变的量称为变量，其定义方法如下：

类型 变量名；

例如，定义一个整型变量 i：

int

人们可以在定义时为其赋值，也可以定义后再对其赋值，例如：

int i；

i = 95；和 int i = 95；

两者是等效的。

3. 常量

在程序运行过程中，其值不能改变的量称之为常量。常量可以是字符，也可以是数字，通常使用语句"const 类型常量名 = 常量值"来定义常量。还可以用宏定义来达到相同的目的，语句如下：

#define 宏名 值

如在 Arduino 核心库中已定义的常数 PI，即是使用

#define PI 3.1415926535897932384626433832795

4. 整型

整型即整数类型。

5. 浮点型

浮点数也就是常说的实数。在 Arduino 中有 float 和 double 两种浮点类型，在 Genuino 101 中，float 类型占用 4B（32bit）内存空间，double 类型占用 8B

（64bit）内存空间。

浮点型数据的运算速度较慢且可能会有精度丢失。通常人们会把浮点型转换为整型处理相关运算。例如，人们通常会把 9.8 cm 换算为 98 mm 来计算。

6. 字符型

字符型即 char 类型，也是一种整型，占用一个字节内存空间，常用于存储字符变量。存储字符时，字符需要用单引号引用，例如：

char col ='C';

字符都是以整数形式储存在 char 类型变量中的，数值与字符的对应关系请参照相关 ASCII 码表。

7. 布尔型

布尔型变量即 boolean。它的值只有两个，即 false（假）和 true（真）。boolean 会占用 1B 的内存空间。

8. 运算符与表达式

C/C++语言中有多种类型的运算符，常见运算符见表 6-1。

表 6-1　常见的 C/C++运算符

运算符类型	运算符	说明
算术运算符	=	赋值
	+	加
	−	减
	*	乘
	/	除
	%	取模
比较运算符	==	等于
	!=	不等于
	<	小于
	>	大于
	<=	小于或等于
	>=	大于或等于
逻辑运算符	&&	逻辑与运算
	||	逻辑或运算
	!	逻辑非运算

通过运算符将运算对象连接起来的式子称之为表达式。如数组是由一组相同数据类型的数据构成的集合。数组概念的引入使得在处理多个相同类型的数据时，程序更加清晰和简洁，其定义方式如下：

数据类型　数组名称 [数组元素个数]；

如定义一个有 5 个 int 型元素的数组：

int a[5]；

如果要访问一个数组中的某一个元素，需要将数组 a 中的第 1 个元素赋值为 1（需要注意的是数组下标是从 0 开始编号的）：可以使用以上方法对数组赋值，也可以在数组定义时对数组进行赋值。

9. 字符串

字符串的定义方式有两种：一种是以字符型数组方式定义，另一种是使用 String 类型定义。例如：

char 字符串名称[字符个数]；

使用字符型数组的方式定义，其使用方法和数组一致，有多少个字符便占用多少个字节的存储空间。大多数情况下，人们使用 String 类型定义字符串，该类型中提供一些操作字符串的成员函数，使得字符串使用起来更为灵活。例如：

String 字符串名称；

String abc；

即可定义一个名为 abc 的字符串。可在定义时为其赋值，或在定义后为其赋值。例如：

String abc ="Genuino 101"

与数组形式的定义方法相比较，使用 String 类型定义字符串会占用更多的存储空间。

10. 注释

/ * 与 */ 之间的内容，及 // 之后的内容均为程序注释，使用它可以更好地管理代码。注释不会被编译到程序中，不影响程序的运行。

为程序添加注释的方法有两种。

（1）单行注释：

//注释内容

（2）多行注释：

/*
注释内容 1
注释内容 2
……
 */

11. 用流程图来表示你的程序

流程图是用一些图框表示各种操作。用图形表示算法，直观形象，易于理解。特别是对于初学者来说，使用流程图能帮助更好地理清思路，从而顺利编写出相应的程序[248-250]。ANSI 规定了一些常用的流程图符号，如图 6 - 19 所示。

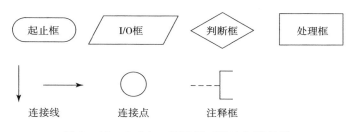

图 6 - 19 Arduino 里面用到的流程图符号

1）顺序结构

它是最基本、最简单的程序组织结构。在顺序结构中程序按语句先后顺序依次执行。一个程序或者一个函数整体上是一个顺序结构，它是由一系列的语句控制结构组成，这些语句与结构都按先后顺序运行。如图 6 - 20 所示，虚线框内是一个顺序结构，其中 A、B 两个框是顺序执行的。即在执行完 A 框中的操作后，接着会执行 B 框中的操作。

2）选择结构

选择结构又称选取结构或分支结构。在编程中，经常需要根据当前数据做出判断，决定下一步的操作。例如，Arduino 可以通过温度传感器检测出环境温度，在程序中对温度做出判断。如果过高，就发出警报信号，这时便会用到选择结构。如图 6 - 21 所示，虚线框中是选择结构。该结构中包含一个判断框。根据判断框中的条件 p 是否成立，而选择执行 A 框或者 B 框里的操作。执行完 A 框或者 B 框里的操作后，都会经过 b 点，脱离该选择结构。

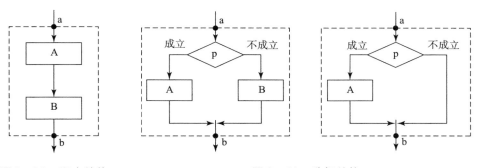

图 6 - 20　顺序结构　　　　　　　图 6 - 21　选择结构

12. If 语句

if 语句是最常用的选择结构实现方式，当给定表达式为真时，就会运行其后的语句，共有三种结构。

（1）简单分支结构（见下表）。

代码	
001	if(表达式)
002	{
003	语句；
004	}

（2）双分支结构。双分支结构增加了一个 else 语句，当给定表达式结果为假时，便运行 else 后的语句（见下表）。

代码	
001	if(表达式)
002	{
003	语句1；
004	}
005	else
006	{
007	语句2；
008	}

（3）多分支结构

使用多个 if 语句，可以形成多分支结构，用于判断多种不同的情况（见下表）。

代码	
001	if(表达式1)
002	{
003	语句1；
004	}
005	else if(表达式2)
006	{

（续）

007	语句 2；
008	}
009	else if（表达式 3）
010	{
011	语句 3；
012	}
013	else if（表达式 4）
014	{
015	语句 4；
016	}
017	……

13. switch…case 语句

处理比较复杂的问题时可能会存在有很多选择分支的情况，如果还使用 if…else 语句的结构编写程序，会使程序显得冗长，并且可读性差。此时，可以使用 switch 语句（其表达式可见图 6 – 22），其一般形式见下表。

代码	
001	switch（表达式）
002	{
003	case 常量表达式 1：
004	语句 1
005	break；
006	case 常量表达式 2：
007	语句 2
008	break；
009	case 常量表达式 3：
010	语句 3
011	break；
012	……
013	default：
014	语句 n
015	break；
016	}

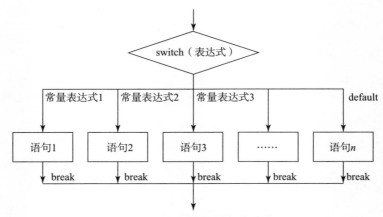

图 6 – 22　switch 语句表达式

需要注意的是，switch 语句后的表达式结果只能是整型或字符型。如果要使用其他类型，则必须使用 if 语句。switch 结构会将 switch 语句后的表达式与 case 语句后的常量表达式进行比较，如果符合就运行常量表达式所对应的语句；如果都不相符，则会运行 default 后的语句；如果不存在 default 部分，程序将直接退出 switch 结构。在进入 case 判断，并执行完相应程序后，一般要使用 break 退出 switch 结构。如果没有使用 break 语句，程序则会一直执行到有 break 的位置退出或运行 switch 结构退出。

循环结构又称为重复结构，即反复执行某一部分的操作。循环结构有两类：一类是当型循环结构，该循环结构会先判断给定条件；当给定条件 p1 不成立时，即从 b 点退出该结构；当 p1 成立时，执行 A 框操作，执行完 A 框操作后，再判断条件 p1 是否成立，如此反复。另一类是直到型循环结构，该循环结构会为先执行 A 框操作，然后判断给定的条件 p2 是否成立，成立即从 b 点退出循环；不成立则返回该结构起始位置 a 点，重新执行 A 框操作，如此反复。循环结构如图 6 – 23 表示。

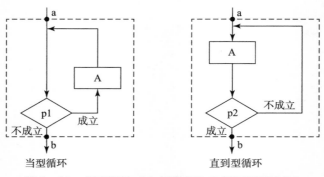

当型循环　　　　　　　　　　直到型循环

图 6 – 23　循环结构（包括当型和直到型循环结构）

14. while 循环

while 循环是一种当型循环。当满足一定条件后，才会执行循环中的语句，其一般形式见下表。

代码	
001	while(表达式)
002	{
003	语句;
004	}

在某些 Arduino 应用中，可能需要建立一个死循环（无限循环）。当 while 后的表达式永远为真或者为 1 时，便是一个死循环，其一般形式见下表。

代码	
001	while(1)
002	{
003	语句;
004	}

15. do…while 循环

do…while 与 while 循环不同，是一种直到循环，它会一直循环到给定条件不成立时为止。它会先执行一次 do 语句后的循环体，再判断是否进行下一次循环，其一般形式见下表。

代码	
001	do
002	{
003	语句;
004	}
005	while(表达式);

16. for 循环

比较而言，for 循环比 while 循环更灵活，且应用广泛，它不仅适用于循环次数确定的情况，也适用于循环次数不确定的情况。while 和 do…while 都可以替换为 for 循环，其一般形式为见下表。

代码	
001	for(表达式1;表达式2;表达式3)
002	{
003	语句;
004	}

在通常情况下，表达式1为for循环初始化语句，表达式2为判断语句，表达式3为增量语句。例如：

001　　for(i=0;i<5;i++){ }

表示初始值i=0，当i<5时运行循环体中的语句，每循环完一次，i自动加1，因此这个循环5次。for循环流程图如图6-24所示。

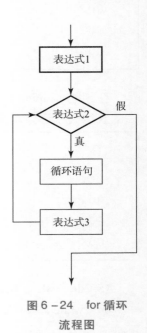

图6-24　for循环
流程图

循环结构中都有一个表达式用于判断是否进入循环。在通常情况下，当该表达式结果为false（假）时，会结束循环。有时候需要提前结束循环，或是已经达到了一定条件，可以跳过本次循环余下的语句，那么可以使用循环控制语句break和continue。break语句只能用于switch多分支选择结构和循环结构中，使用它可以终止当前的选择结构或者循环结构，使程序转到后续语句运行。break语句一般会搭配if语句使用，其一般形式为如下：

```
if(表达式)
{
break;
}
continue
```

continue语句用于跳过本次循环中剩下的语句，并判断是否开始下一次循环。同样，continue语句一般会搭配if语句使用，其一般形式如下：

```
if(表达式)
{
continue;
}
```

在编写程序前，可以先画出流程图，帮助理清思路。其流程图如图6-25所示。

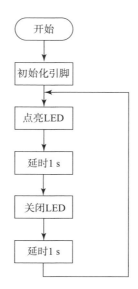

图 6 – 25 实现 LED 交替闪烁的流程图

6.5.6 Arduino 对舵机的控制

1. servo 类成员函数

表 6 – 2 所列为 servo 类成员函数列表，有助于人们了解采用 Arduino 进行舵机控制的方法与过程。

表 6 – 2 servo 类成员函数列表

函数	说明
attach( )	设定舵机的接口，只有 9 号或 10 号接口可利用
write( )	用于设定舵机旋转角度的语句，可设定的角度范围为 0° ~ 180°
writeMicroseconds( )	用于设定舵机旋转角度的语句，直接用微秒作为参数
read( )	用于读取舵机角度的语句，可理解为读取最后一条 write( ) 命令中的值
attached( )	判断舵机参数是否已发送到舵机所在接口
detach( )	使舵机与其接口分离，该接口（9 或 10）可继续用作 PWM 接口

2. Arduino 舵机实现代码

Arduino 舵机实现代码如下：

```
// Sweep
```

```
// by BARRAGAN <http://barraganstudio.com>
// This example code is in the public domain.
#include <Servo.h>
Servo myservo;                      // 建立一个舵机控制对象
int pos =0;                         // 定义存储舵机位置的变量
void setup()
{
myservo.attach(9);                  // 将舵机对象与 Arduino 板的 9 号引脚相连
}
void loop()
{
for(pos =0; pos <180; pos +=1)     // 让舵机从 0°转到 180°
{                                   // in steps of 1 degree
myservo.write(pos);                 // 让舵机转到某一个角度位置
delay(15);                          // 等待 15 ms,让舵机到达该位置
  }
for(pos =180; pos >=1; pos -=1)    // 让舵机从 180°转到 0°
  {
  myservo.write(pos);               // 让舵机转到某一角度位置
  delay(15);                        // 等待 15 ms,让舵机到达该位置
  }
}
```

3. Arduino 舵机连接图

图 6 - 26 所示为 Arduino 与舵机连接实物图, 其中, 棕色线接舵机 GND, 红色线接 VCC, 橙色线接 Signal。图 6 - 27 所示为 Arduino 与舵机连接线路图, 其中, 黑色线接舵机 GND, 红色线接 VCC, 黄色线接 Signal。

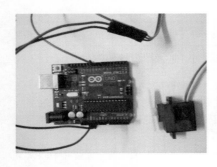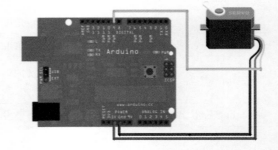

图 6 - 26 Arduino 与舵机连接实物图　　　图 6 - 27 Arduino 与舵机连接线路图

6.5.7 Arduino 对蓝牙模块通信的控制

首先介绍新入手的蓝牙模块（型号为 HC - 06）, 其正、背面如图 6 - 28 和

图 6 - 29 所示。

图 6 - 28 蓝牙模块正面

图 6 - 29 蓝牙模块背面

1. 蓝牙参数的特点

（1）蓝牙核心模块使用的是 HC - 06 模块，引出接口包括 VCC、GND、TXD、RXD，预留 LED 状态输出引脚，单片机可通过该引脚状态判断蓝牙是否已经连接[251]。

（2）LED 指示蓝牙连接状态，闪烁表示没有蓝牙连接，常亮表示蓝牙已连接并打开了端口。

（3）输入电压为 3.6 ~ 6 V，未配对时电流约为 30 mA，配对后约为 10 mA，输入电压不能超过 7 V。

（4）可以直接连接各种单片机（如 51、AVR、PIC、ARM、MSP430 等），5 V 单片机也可直接连接。

（5）在未建立蓝牙连接时支持通过 AT 指令设置比特率、名称、配对密码，设置的参数掉电保存，蓝牙连接以后自动切换到透传模式。

（6）该蓝牙为从机，从机能与各种带蓝牙功能的计算机、蓝牙主机、大部分带蓝牙的手机、PDA、PSP 等智能终端配对，从机之间不能配对。

2. Arduino 与蓝牙模块的连接方法

（1）蓝牙模块上的 VCC 连接 Arduino 上的 5 V 电源接口。

（2）蓝牙模块上的 GND 连接 Arduino 上的 GND。

（3）蓝牙模块上的 TXD（发送端，一般表示为自己的发送端）连接

Arduino 上的 RX。

（4）蓝牙模块上的 RXD（接收端，一般表示为自己的接收端）连接 Arduino 上的 TX[252]。正常通信时，蓝牙模块本身的 TXD 永远连接设备的 RXD。正常通信时 RXD 连接其他设备的 TXD。

（5）自收自发。顾名思义，就是自己接收自己发送的数据，即自身的 TXD 直接连接到 RXD，用来测试本身的发送和接收是否正常，是最快、最简单的测试方法，当出现问题时首先做该测试，以确定是否产品出现故障。

图6－30　Arduino 板和蓝牙模块相连接

线连接完毕，检验无误后，再给 Arduino 上电，蓝牙指示灯如闪烁不停，表明设备没有连接上。如果 LED 常亮（见图6－30），就表示蓝牙模块已经和设备连接上了。

调试 Arduino 的源代码如下：

```
Void setup ()
{
Serial.begin (9600);
}
Void loop ()
{
  While (Serial.available ())
   {
     Char c = Serial.read ();
       If (c == 'A')
       {
         Serial.println ("Hello I am amarino");
       }
   }
}
```

将代码复制粘贴到 IDE，烧录程序到 Arduino，如图6－31 所示。

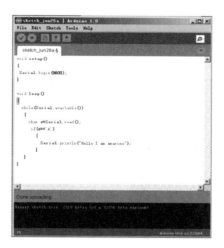

图 6 - 31　烧录程序界面

　　现在进行 Arduino 蓝牙模块与 Android 通信的实现，首先下载 Android 的蓝牙管理软件 Amarino；安装上 Amarino 后，启动 Android 的蓝牙模块，打开 Amarino 客户端，其相关界面如图 6 - 32 所示。在左下角 Add BT Device 中就能找到蓝牙的名字，其情况如图 6 - 33 所示。

图 6 - 32　打开 Amarino 客户端

图 6 - 33　Add BT Device 中蓝牙名字

　　在单击 connect 后，会弹出输入 PIN 的对话框，蓝牙默认 PIN 为 1234。图 6 - 34 所示为连接成功后的界面图。

仿龟机器人的设计与制作

　　单击 Monitoring，可以看到蓝牙的连接信息如图 6－35 所示。连接成功之后，就要看数据发送是否正常，这里直接单击图 6－36 中 Send 就可以实现发送。

图 6－34　连接成功后的界面

图 6－35　蓝牙连接信息图

　　参考 Arduino 代码，当 Arduino 接收到符号 A 时，就会在 COM 输出对应内容，表明蓝牙通信正常，如图 6－37 所示。

图 6－36　单击 Send 后的界面截图

图 6－37　COM 输出内容截图

Arduino 还可以使用手柄进行控制，通过手柄给 Arduino 板发送各个指令，无线手柄接收器和 Arduino 板相连，其连接情况如见图 6 – 38 所示。

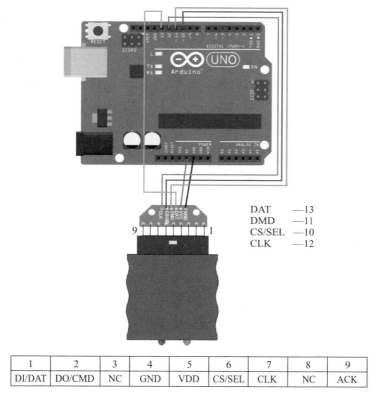

1	2	3	4	5	6	7	8	9
DI/DAT	DO/CMD	NC	GND	VDD	CS/SEL	CLK	NC	ACK

图 6 – 38　Arduino 手柄通信接线示意图

6.5.8　图形化编程简介

Arduino 是一款开源的硬件平台，具有丰富的 IO 功能，因而得到了很多人的喜爱。最近发现 Arduino 有一款插件 ArduBlock 可以进行图形化编程，与 MIT 的 App Inventor 有点类似，如图 6 – 39 所示。

安装 ArduBlock 的步骤十分简单，现介绍如下。

（1）首先确认已经安装了 Arduino，因为 Ardublock 必须依赖 Arduino。

（2）接下来下载 ArduBlock，可以从 http://pan.baidu.com/s/1ADaeU 中下载。

（3）转到 sketchbook 目录下面，如果不知道 sketchbook 目录在哪里，可以通过 File→Preference 查看 sketchbook 的目录。

（4）在 sketchbook 目录下面建立子目录：

图 6 - 39　Arduino 插件界面

mkdir – p tools/ArduBlockTool/tool

（5）将下载好的 ArduBlock – all. jar 复制到创建的文件目录下：

cp .. /Downloads/ardublock. jar tools/ArduBlockTool/tool/

（6）打开 Arduino IDE，选择 Tools→ArduBlock 就可以了。

6.6　调整姿态走一走

仿龟机器人采用 Arduino V5 拓展板的 PS2 手柄进行控制。因此，安装好 Arduino IDE 后，将 PS2X_ lib. zip 解压到 C：\ Users \ Administrator \ Documents \ Arduino\libraries 文件夹中。上述控制器件分别如图 6 – 40 和图 6 – 43 所示。

图 6 – 40　Arduino UNO

图 6 – 41　PS2 接收器

图 6 - 42 PS2 手柄

图 6 - 43 Arduino V5 拓展板

V5 拓展板与遥控器接收段端口连接方式如下：

data < ----------> 12

command < -------> 11

GND < -----------> GND

VCC < -----------> 3.3V(一定注意)

cs < -----> 10

clock < ---------> 13

如图 6 - 44 所示，Arduino 右侧与 V5 拓展板右侧对齐并将 V5 拓展板插入 Arduino 槽内，由于舵机数量较多，所以 Arduino 和 V5 拓展版分别供电。

编写程序并下载到 Arduino 板，其情况如图 6 - 45 所示。

图 6 - 44 Arduino 与 V5 拓展板连接示意图

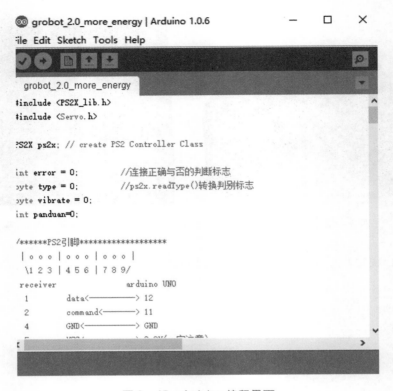

图 6 – 45　Arduino 编程界面

　　仿龟机器人运动控制程序主要分两部分：一是功能部分；二是主程序部分。功能部分的程序包括各个关节功能、向前、向后运动等定义，配置及 PS2 程序（包括机器人运动的控制程序）。在用手柄操控仿龟机器人时，需要在功能程序、配置及 PS2 程序基础上设计仿龟机器人的运动程序。下面对仿龟机器人运动程序的两大主要部分分别进行介绍。

1. 控制程序一：功能程序

```
/*
* This sets the servos at positions that allow the robot to
  stand up
*/
```

（1）首先，建立机器人站立子程序：

```
void stand()
{
  frontrightBody. write(40);
  frontrightLeg. write(180);
```

```
frontleftBody.write(120);
frontleftLeg.write(0);
rearleftBody.write(40);
rearleftLeg.write(180);
rearrightBody.write(120);
rearrightLeg.write(0);

delay(50);
}
```

（2）建立仿龟机器人向前运动子程序：

```
/*
 * First step when moving forward
 */
void forwardStep1()
{
  // lift the frontrightLeg,call delay,move the frontright-
     Body forward by 25 degrees,call delay,move the frontleft-
     Body back by 15 degrees,lower the frontrightLeg
  frontrightLeg.write(145);
  delay(wait);
  frontrightBody.write(65);
  delay(wait);
  frontleftBody.write(135);
  frontrightLeg.write(180);
}


/*
 * Second step when moving forward
 */

void forwardStep2()
{
  // lift the rearrightLeg,call delay,move the rearrightBody
     forward by 35 degrees,call delay,move the rearleftBody
     back by 35 degrees,lower the rearrightLeg
```

```
  rearrightLeg.write(35);
  delay(wait);
  rearrightBody.write(155);
  delay(wait);
  rearleftBody.write(75);
  rearrightLeg.write(0);
}

/*
 * Third step when moving forward
 */
void forwardStep3()
{
  // lift the frontleftLeg,call delay,move the frontleftBody
     forward by 20 degrees,call delay,move the frontrightBody
     back by 40 degrees,lower the frontleftLeg
  frontleftLeg.write(35);
  delay(wait);
  frontleftBody.write(100);
  delay(wait);
  frontrightBody.write(25);
  frontleftLeg.write(0);
}

/*
 * Fourth step when moving forward
 */
void forwardStep4()
{
  // lift the rearleftLeg,call delay,move the rearleftBody
     forward by 50 degrees,call delay,move the rearrightBody
     back by 65 degrees,lower the rearleftLeg
  rearleftLeg.write(145);
  delay(wait);
  rearleftBody.write(25);
```

```
  delay(wait);
  rearrightBody.write(90);
  rearleftLeg.write(180);
}
/*
 * First step when moving backward
 */
void backStep1()
{
  // lift the rear right leg,call delay,move the rear right
     body back by 30 degrees,call delay,move the rear left
     body forward by 15 degrees,lower the rear right leg
  rearrightLeg.write(35);
  delay(wait);
  rearrightBody.write(90);
  delay(wait);
  rearleftBody.write(25);
  rearrightLeg.write(0);
}
```

（3）建立仿龟机器人向后运动子程序：

```
/*
 * Second step when moving backward
 */
void backStep2()
{
  // lift the front left leg,call delay,move the front left
     body backward by 15 degrees,call delay,move the front
     right body forward by 25 degrees, lower the front
     left leg
  frontleftLeg.write(35);
  delay(wait);
  frontleftBody.write(135);
  delay(wait);
  frontrightBody.write(65);
  frontleftLeg.write(0);
```

```
}

/*
 * Third step when moving backward
 */
void backStep3()
{
  // lift the rear left leg,call delay,move the rear left
     body backward by 50 degrees,call delay,move the rear
     right body forward by 65 degrees, lower the rear
     left leg
  rearleftLeg. write(145);
  delay(wait);
  rearleftBody. write(75);
  delay(wait);
  rearrightBody. write(155);
  rearleftLeg. write(180);
}

/*
 * Fourth step when moving backward
 */
void backStep4()
{
  // lift the front right leg,call delay,move the front
     right body backward by 40 degrees,call delay,move the
     front left body forward by 75 degrees,lower the front
     right leg
  frontrightLeg. write(145);
  delay(wait);
  frontrightBody. write(25);
  delay(wait);
  frontleftBody. write(100);
  frontrightLeg. write(180);
}
```

(4) 建立仿龟机器人向右运动子程序：

```
/*
* First step when turning right
*/
void rightStep1()
{
  // lift the frontrightLeg, call delay, move the fron-
     trightBody forward by 40 degrees, move the rearright-
     Body forward by 10 degrees, call delay, lower the fron-
     trightLeg
  frontrightLeg. write(145);
  delay(wait2);
  frontrightBody. write(80);
  rearrightBody. write(130);
  delay(wait2);
  frontrightLeg. write(180);
}


/*
* Second step when turning right
*/
void rightStep2()
{
  // move the frontrightBody back by 50 degrees, call
     delay, keep the rearleftLeg down as a pivot point
  frontrightBody. write(30);
  delay(wait2);
  rearleftLeg. write(180);
}


/*
* Third step when turning right
*/
void rightStep3()
{
```

```
// lift the frontleftLeg,call delay,move the frontleftBody
   back by 10 degrees,call delay,lower the frontleftLeg
frontleftLeg. write(35);
delay(wait2);
frontleftBody. write(130);
delay(wait2);
frontleftLeg. write(0);
}


/*
 * Fourth step when turning right
 */
void rightStep4()
{
  // lift the rearrightLeg,call delay,move the rearrightBody
     back by 50 degrees,move the fronleftBody forward by 10
     degrees,call delay,lower the rearrightLeg
  rearrightLeg. write(35);
  delay(wait2);
  rearrightBody. write(80);
  frontleftBody. write(120);
  delay(wait2);
  rearrightLeg. write(0);
}
```

（5）建立仿龟机器人向左运动子程序：

```
/*
 * First step when turning left
 */
void leftStep1()
{
  // lift the fronleftLeg,call delay,move the frontleftBody
     forward by 40 degrees,move the rearleftBody forward by 10
     degrees,call delay,lower the frontleftLeg
  frontleftLeg. write(35);
  delay(wait2);
```

```
  frontleftBody. write (80) ;
  rearleftBody. write (30) ;
  delay (wait2) ;
  frontleftLeg. write (0) ;
}


/*
 * Second step when turning left
 */
void leftStep2 ()
{
  // move the frontleftBody back by 50 degrees, call delay,
     keep the rearrightLeg down as a pivot point
  frontleftBody. write (130) ;
  delay (wait2) ;
  rearrightLeg. write (0) ;


}


/*
 * Third step when turning left
 */
void leftStep3 ()
{
  // lift the frontrightLeg, call delay, move the frontright-
     Body forward by 10 degrees, call delay, lower the fron-
     trightLeg
  frontrightLeg. write (145) ;
  delay (wait2) ;
  frontrightBody. write (50) ;
  delay (wait2) ;
  frontrightLeg. write (180) ;
}

/*
```

```
*  Fourth step when turning left
*/
void leftStep4()
{
  // lift the rearleftLeg,call delay,move the rearleftBody
     backward by 10 degrees,the frontrightBody backward by
     20 degrees,call delay,lower the rearleftLeg
  rearleftLeg. write(145);
  delay(wait2);
  rearleftBody. write(90);
  frontrightBody. write(30);
  delay(wait2);
  rearleftLeg. write(180);
}
```

（6）仿龟机器人自由运动子程序：

```
/*
*  This function causes the robot to do magic action
*/

void magic()
{
  int pos =0;
  for(pos =0;pos <30;pos ++)
  {
  frontrightBody. write(40 -pos);
  frontleftBody. write(120 -pos);
  rearleftBody. write(40 -pos);
  rearrightBody. write(120 -pos);
  delay(10);
  }

  for(pos =30;pos >=0;pos --)
  {
  frontrightBody. write(40 -pos);
  frontleftBody. write(120 -pos);
```

```
rearleftBody.write(40 - pos);
rearrightBody.write(120 - pos);
delay(10);
  }


for(pos = 0; pos < 30; pos++)
  {
frontrightBody.write(40 + pos);
frontleftBody.write(120 + pos);
rearleftBody.write(40 + pos);
rearrightBody.write(120 + pos);
delay(10);
  }


for(pos = 30; pos >= 0; pos--)
  {
frontrightBody.write(40 + pos);
frontleftBody.write(120 + pos);
rearleftBody.write(40 + pos);
rearrightBody.write(120 + pos);
delay(10);
  }

}
```

（7）建立仿龟机器人步态规划子程序：

```
/*
* This function causes the robot to move forward
*/
void forward()
{
  forwardStep1();
  forwardStep2();
  forwardStep3();
  forwardStep4();
}
```

```
/*
 * This function causes the robot to move back
 */
void back()
{
  backStep1();
  backStep2();
  backStep3();
  backStep4();
}


/*
 * This function turns the robot to the right
 */
void right()
{
  rightStep1();
  rightStep2();
  rightStep3();
  rightStep4();
}


/*
 * This function turns the robot left
 */
void left()
{
  leftStep1();
  leftStep2();
  leftStep3();
  leftStep4();
}


/*
 * This function causes the robot to wave at a nearby object
```

```
   using its front left leg
 */
void wave2()
{
  waveCount =0;
  frontrightBody. write(90);
  frontrightLeg. write(180);
  frontleftBody. write(90);
  frontleftLeg. write(0);
  rearleftBody. write(90);
  rearleftLeg. write(180);
  rearrightBody. write(90);
  rearrightLeg. write(20);
  delay(50);
  while(waveCount <3)
  {
     for(servoPosition =110; servoPosition <=140; servoPosi-
tion =servoPosition +2)
    {
       frontleftLeg. write(servoPosition);
       delay(10);
    }
     for(servoPosition =140; servoPosition >=110; servoPosi-
tion =servoPosition -2)
    {
       frontleftLeg. write(servoPosition);
       delay(10);
    }
     waveCount ++;
  }
}


 /*
  * This function causes the robot to wave at a nearby object
using its front right leg
```

```
    */
    void wave()
    {
        waveCount =0;
        frontrightBody. write(90);
        frontrightLeg. write(180);
        frontleftBody. write(90);
        frontleftLeg. write(0);
        rearleftBody. write(90);
        rearleftLeg. write(140);
        rearrightBody. write(90);
        rearrightLeg. write(0);
            delay(50);
        while(waveCount <3)
        {
            for(servoPosition =80; servoPosition >=50; servoPosition =servoPosition -2)
            {
                frontrightLeg. write(servoPosition);
                delay(10);
            }
            for(servoPosition =50; servoPosition <=80; servoPosition =servoPosition +2)
            {
                frontrightLeg. write(servoPosition);
                delay(10);
            }
            waveCount ++;
        }
    }


    /*
     * This function causes the robot to lie down
     */
    void sleep()
```

```
{
  frontrightBody.write(70);
  frontleftBody.write(90);
  rearrightBody.write(90);
  rearleftBody.write(70);
  frontrightLeg.write(90);
  frontleftLeg.write(90);
  rearrightLeg.write(90);
  rearleftLeg.write(90);
  delay(50);
}


/*
 * This function causes the robot to stretch his body
 */
void stretch()
{
  frontrightBody.write(120);
  frontrightLeg.write(180);
  frontleftBody.write(40);
  frontleftLeg.write(0);
  rearleftBody.write(90);
  rearleftLeg.write(90);
  rearrightBody.write(90);
  rearrightLeg.write(90);
  delay(50);
}
```

2. 控制程序二：配置及 PS2 启动程序建立

建立主程序时需要包括 "< PS2X_lib.h >"、"< Servo.h >" 两个库。

```
PS2X ps2x; // create PS2 Controller Class

int error = 0;            //连接正确与否的判断标志
byte type = 0;            //PS2x.readtype()转换判别标志
byte vibrate = 0;
int panduan = 0;
```

(1) PS2 引脚配置:

```
/***************PS2 引脚***************/
|ooo|ooo|ooo|
\1 2 3|4 5 6|7 8 9\

receiver                arduino UNO
  1                     data < ----------> 12
  2                     command < -------> 11
  4                     GND < -----------> GND
  5                     VCC < -----------> 3.3V(一定注意)
  6                     cs <-----> 10
  7                     clock <---------> 13


*/
```

//不支持热插拔,连线后需要重新启动 Arduino

(2) 舵机引脚配置:

```
/******舵机引脚*******************/
// Define the servos       pins
Servo frontrightBody;       // 6
Servo frontrightLeg;        // 7
Servo frontleftBody;        // 8
Servo frontleftLeg;         // 9
Servo rearleftBody;         // 2
Servo rearleftLeg;          // 3
Servo rearrightBody;        // 4
Servo rearrightLeg;         // 5
```

(3) 程序变量设置:

```
int servoPosition;
int waveCount =0;
int waveCount2 =0;


// used as the delay between steps when the robot is moving
   forward or backward const int wait =150;
// used as the delay between steps when the robot is turn-
   ing right or left const int wait2 =180;
```

```
char ch = 'n';
```

（4）调用 setup（）函数，用于初始化变量，设置针脚的 I/O 类型，配置串口：

```
void setup()
{
  Serial.begin(57600);
  // Attach the servos to their respective pins on the
    shield and initialize their position. The robot is set
    to lie down at this point
  frontrightBody.attach(6);
  frontrightBody.write(120);
  frontrightLeg.attach(7);
  frontrightLeg.write(180);
  frontleftBody.attach(8);
  frontleftBody.write(40);
  frontleftLeg.attach(9);
  frontleftLeg.write(0);
  rearleftBody.attach(2);
  rearleftBody.write(90);
  rearleftLeg.attach(3);
  rearleftLeg.write(90);
  rearrightBody.attach(4);
  rearrightBody.write(90);
  rearrightLeg.attach(5);
  rearrightLeg.write(90);
  delay(1000);
```

（5）PS2 启动程序：

```
/*****************PS2 启动*****************/
error = ps2x.config_gamepad(A3,A1,A2,A0,false,false);
//setup pins and settings:GamePad(clock,command,attention,
  data,Pressures?,Rumble?) check for error
                                    //检查引脚是否有连接错误
  if(error==0){
    Serial.println("Found Controller,configured successful");
    Serial.println("Try out all the buttons,X will vibrate
```

```
the controller,faster as you press harder;");
      Serial.println("holding L1 or R1 will print out the analog
stick values.");
      Serial.println("Go to [url]www.billporter.info[/url]
for updates and to report bugs.");
      }                             //0 号错误的串口提示信息


    else if(error ==1)
     Serial.println("No controller found, check wiring, see
readme.txt to enable debug.visit[url]www.billporter.info[/url]
for troubleshooting tips");
                                //错误的串口提示信息
      else if(error ==2)
      Serial.println("Controller found but not accepting com-
mands.see readme.txt to enable debug.Visit [url]www.billpor-
ter.info[/url]for troubleshooting tips");
                              //2 号错误的串口提示信息
      else if(error ==3)
      Serial.println("Controller refusing to enter Pressures
mode,may not support it.");
                              //3 号错误的串口提示信息
      type =ps2x.readType();  //正确连接后串口提示的信息
        switch(type){
          case 0:
            Serial.println("Unknown Controller type");
          break;
          case 1:
            Serial.println("DualShock Controller Found");
          break;
          case 2:
            Serial.println("GuitarHero Controller Found");
          break;
        }
    }
    /**********************************************/
```

（6）循环程序：

```
void loop()
{
    if(error ==1)  return;//skip loop if no controller found

else {
    ps2x.read_gamepad(false,vibrate);  //read controller
and set large motor to spin at 'vibrate' speed

    if(ps2x.Button(PSB_START))  //start 选中 //will be TRUE
as long as button is pressed
        Serial.println("Start is being held");
    if(ps2x.Button(PSB_SELECT))              //select 选中
        Serial.println("Select is being held");
/ * * * * * * * * * * * * * * *按钮判断* * * * * * * * * * * * * * */
    if(ps2x.Button(PSB_PAD_UP)||ch == 'f')      //上
    {
        forward();
        Serial.println("forward");
        ch = 'f';
    }

    if(ps2x.Button(PSB_PAD_DOWN) ||ch == 'b')   //下
        {
            back();
            Serial.println("back");
            ch = 'b';
        }

    if(ps2x.Button(PSB_PAD_LEFT)||ch == 'l')    //左
        {
            left();
        Serial.println("left");
            ch = 'l';
        }
```

```
    if(ps2x. Button (PSB_PAD_RIGHT)||ch == 'r')   //右
    {
        right();
      Serial. println ("right");
        ch = 'r';
    }


    if(ps2x. Button (PSB_R2)||ch == 'm')     //右食指2键 magic
    {
        magic();
      Serial. println ("magic");
        ch = 'm';
    }


    if(ps2x. Button (PSB_L2)||ch == 't')  //左食指2键 stretch
    {
        stretch();
    if(ps2x. Button (PSB_L2)&&ch == 't')   //will be TRUE if any
button changes state(on to off,or off to on)
    {
      ch = 'n'; }
    else {
        ch = 't'; }
      Serial. println ("stretch");
    }


    if(ps2x. Button (PSB_RED)||ch == 's')             //
      {
        sleep();
    if(ps2x. Button (PSB_RED)&&ch == 's')   //will be TRUE if
any button changes state(on to off,or off to on)
    {
      ch = 'n'; }
    else {
        ch = 's'; }
```

```
    Serial.println("sleep");
  }

if(ps2x.Button(PSB_PINK)||ch == 'n')            //
  {
    stand();
    Serial.println("stand");
    ch = 'n';
  }

if(ps2x.Button(PSB_GREEN)||ch == 'w')           //
  {
      if(ch == 'n'){
        wave();
        delay(200);
        ch = 'w';
        Serial.println("wave_1");
    }
      else {
        wave2();
        delay(200);
        ch = 'n';
        Serial.println("wave_2");
    }
  }
  vibrate = ps2x.Analog(PSAB_BLUE);   //this will set the
large motor vibrate speed based on how hard you press the blue
(X) button
  if(ps2x.NewButtonState(PSB_BLUE))            //
      Serial.println("XX");
  Serial.println(ch);
  delay(50);
  }
  }
```

至此，仿龟机器人的运动程序编写完毕，可运行尝试。

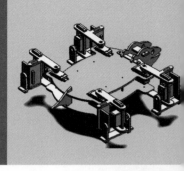

参 考 文 献

［1］ 柳富荣．乌龟的生物学特性［J］．湖南农业，2018（1）：18－18.

［2］ 丁德明．乌龟的健康养殖［J］．湖南农业，2014（6）：35－35.

［3］ 张红星．黄河中游流域外来龟、鳖类对原有种类的生态威胁［J］．现代农业科技，2010（10）：326－328.

［4］ 赵春光．图说高效养龟关键技术［M］．北京：金盾出版社，2012.

［5］ 曾美珍．乌龟大塘养殖技术要点［J］．江西水产科技，2016（3）：35－35.

［6］ 佚名．龟类的主要器官及生理功能［EB/OL］．http://www.achongwu.com/16682.html，2019－04－13.

［7］ 魏成清．乌龟养殖技术［J］．海洋与渔业，2014（2）：60－61.

［8］ 李修峰，杜俊成．乌龟的生物学与人工养殖技术（Ⅰ）乌龟的生物学及经济价值［J］．中国农村小康科技，2004（11）：25－26.

［9］ 李艳鸣．爬行健身法［J］．华人时刊，2011（5）：86－86.

［10］ 胡慧娟．爬行的健身功效研究——爬、立行生理指标比较［D］．金华：浙江师范大学，2015.

［11］ 于力鹏．仿生设计在产品设计中的应用研究［D］．上海：华东师范大学，2010.

［12］ 张秀丽，郑浩峻，陈恳，等．机器人仿生学研究综述［J］．机器人，2002，24（2）：188－192.

［13］ 毕千，徐敏．仿生机械学发展综述［J］．武夷科学，2008（1）：157－161.

［14］ 文志江，冯方平．仿生机械学研究进展［J］．广东科技，2017（4）：89－90.

［15］ 姜娜．仿生设计在工业设计中的应用研究［D］．西安：陕西科技大学，2007.

［16］ 孟思源．仿生设计在现代设计中的应用与研究［J］．科技信息，2010（7）：354－355.

［17］ 黄有著．仿生形态与设计创新［J］．发明与革新，2001（4）：14－15.

［18］ 桑曙光，于友军．产品形态设计在工业设计教学中的应用感悟［J］．大众文艺，2010（21）：252－253.

［19］ 郝银凤．基于仿生学的变体机翼探索研究［D］．南京：南京航空航天大学，2012.

［20］ 周长海，田丽梅，任露泉，等．信鸽羽毛非光滑表面形态学及仿生技术的研究［J］．农业机械学报，2006，37（11）：180－183.

［21］ 苗沐霖．扑翼飞行原理探索［J］．科教导刊－电子版（上旬），2016（11）：183－184.

［22］ 吴婷．浅析形态仿生在产品设计中重要性［J］．美与时代：城市，2013（5）：71－71.

［23］ 田保珍．形态仿生设计方法研究［D］．西安；西安工程大学，2007.

［24］ 刘阳．中国传统灯具的仿生设计理念在现代灯具产业中的传承与创新［D］．南京：南京工业大学，2008.

［25］ 陈寿菊．现代工业设计理念及设计表达［D］．重庆：重庆大学，2005.

［26］ 冯路．自然形态在建筑设计中的转换与应用［D］．大连：大连理工大学．2009.

［27］ 周佑君，张卫正，原彦鹏，等．乌龟壳结构的承力特点研究及应用探讨［J］．机械设计，2006，23（3）：37－40.

［28］ 黄建中．昆虫仿生学的发展现状与展望［C］．韶山：华中三省（湖南、湖北、河南）昆虫学会2005年学术年会及全国第四届资源昆虫研讨会，2005：57－59.

［29］ 尚磊．动物王国里的"吸血鬼"［J］．科学之友（上半月），2010（7）：50－51.

［30］ 崔荣荣．动物之"最"［J］．初中生辅导，2012（8）：38－41.

［31］ 陈亚光．哺乳动物之最［J］．发明与创新：学生版，2008（2）：37－39.

［32］ 邱玉泉，王子旭，王宽，等．仿生机器人的研究进展及其发展趋势［J］．物联网技术，2016，6（8）：58－59.

［33］ 王猛．仿青蛙跳跃机器人的研制［D］．哈尔滨：哈尔滨工业大学．2009.

[34] 王国彪，陈殿生，陈科位，等．仿生机器人研究现状与发展趋势［J］．机械工程学报，2015，51（13）：27－44.

[35] 佚名．仿生机器人再度突破！普渡大学研发出最逼真的蜂鸟机器人［EB/OL］．https://baijiahao.baidu.com/s? id = 1633489742715151249&wfr = spider&for = pc. 2014－5－14.

[36] 修星晨．仿生扑翼飞行器机构设计与仿真［D］．绵阳：西南科技大学，2017.

[37] 侯文英，尹朝晖．集送一体化动态车辆调度研究［J］．内蒙古科技大学学报，2013，32（4）：388－391.

[38] 佚名．迪士尼推出海龟造型沙画机器人—可自动作画［EB/OL］．https://digi.tech.qq.com/a/20150116/017031.htm. 2015－1－16.

[39] 丁浩．仿生扑翼水下航行器推进特性及运动性能研究［D］．西安：西北工业大学，2015.

[40] 陈学东，韩斌，李小清，等．一种两栖仿生龟机器人：中国，CN201010223020.7［p］. 2010－11－24.

[41] 朱彦齐，陈玉芝．浅谈工业机器人在自动化控制领域的应用［J］．职业，2010（8）：123－123.

[42] 李景景．差动式移动机器人运动系统研究［D］．天津；河北工业大学，2012.

[43] 吴佩杰．集控式足球机器人视觉系统的研究［D］．北京：北京信息科技大学，2008.

[44] 杨国良．工业机器人动力学仿真及有限元分析［D］．武汉：华中科技大学，2007.

[45] 张立超．仿人按摩机器人设计与研究［D］．沈阳：沈阳理工大学. 2014.

[46] 高运征，尤海鹏．基于集散控制技术的某型电源控制器的设计与实现［J］．计测技术，2014（2）：30－32.

[47] 刘丞．自主移动机器人测控系统关键技术的研究［D］．西安：西安电子科技大学，2009.

[48] 仲明伟．自行车机器人的嵌入式控制系统设计［D］．北京：北京邮电大学，2010.

[49] 张国安．锂离子电池特性研究［J］．电子测量技术，2014，37（10）：41－45.

[50] 老罗．动力源泉，锂电池充电保养攻略［J］．电脑知识与技术（经验技巧），2015（6）：98－100.

[51] 马璨，吕迎春，李泓．锂离子电池基础科学问题（Ⅶ）——正极材料［J］.

储能科学与技术，2014，3（1）：53−65.

[52] 桓佳君. LiFePO$_4$/FeN 正极材料的制备及其电化学性能研究［D］. 苏州：苏州大学，2012.

[53] 孔德斌. 碳基储能电极材料及器件的层次化构建［D］. 天津：天津大学，2016.

[54] 倪颖. Li−Ni−Co−Mn 系锂电池正极材料的制备及其电化学性能研究［D］. 杭州：浙江大学，2014.

[55] 钱伯章. 聚合物锂离子电池发展现状与展望［J］. 国外塑料，2010，28（12）：44−47.

[56] 孙嘉遥. 锂离子电池的制造工艺探讨［J］. 企业技术开发，2012（2）：91−92.

[57] 靳添絮. 动力锂离子电池现状浅谈［J］. 新材料产业，2010（10）：72−74.

[58] 秦明. 锂离子电池正极材料磷酸锰锂合成方法的研究［D］. 青岛：山东科技大学，2010.

[59] 李镇. 锂离子电池安全相关因素分析［J］. 电子世界，2018，546（12）：66−67.

[60] 李振源. 锂离子电池的发展应用分析［J］. 当代化工研究，2018，35（11）：6−7.

[61] 张俊林. 循环式充电放电锂电池电化学特性研究［D］. 长沙：湖南大学，2016.

[62] 陈文慧. 基于模糊聚类的锂离子电池 SOH 估计技术研究［D］. 杭州：杭州电子科技大学，2015.

[63] 李刚. 康复机械手电机控制及电源系统研究［D］. 哈尔滨：哈尔滨工业大学，2006.

[64] 黎旭. 锂电池电动车的使用和选购方法［J］. 电动自行车，2012（8）：44−45.

[65] 邓绍刚，汪艳，李秀清，等. 锂电池保护电路的设计［J］. 电子科技，2006（10）：68−72.

[66] 谢卫华. 常用储能特性及其应用研究［J］. 通信电源技术，2017（3）：90−95.

[67] 邱元阳. 走进电池世界［J］. 中国信息技术教育，2015（5）：60−65.

[68] 胡骅. 混合动力源电动车和电动车的蓄电池［J］. 世界汽车，2001（3）：21−24.

[69] 方佩敏. 聚合物锂离子电池及其应用［J］. 电子世界，2006（9）：

55 - 57.

[70] 王廷龙. 关于太阳能和燃料电池的电源系统 [D]. 上海：上海交通大学，2008.

[71] 邵强. 智能电池及其充放电管理系统 [D]. 郑州：郑州大学，2005.

[72] 郭霁方. 镍氢电池充电电源控制模式的研究 [D]. 哈尔滨：哈尔滨工业大学，2007.

[73] 孙杨. 镍氢串联电池组均衡充电技术的研究 [D]. 武汉：湖北工业大学，2010.

[74] 陶新红. 水文仪器设备电源系统的管理维护 [J]. 河南水利与南水北调，2017，46（12）：89 - 90.

[75] 李昌林. 电动汽车车载充电系统的设计与实现 [D]. 武汉：武汉理工大学，2008.

[76] 李素英，窦真兰. 智能镍氢电池充电电路设计 [J]. 实验室研究与探索，2014，33（7）：88 - 92.

[77] 谈秋宏. 电动汽车用锂离子电池的热特性研究 [D]. 北京：北京交通大学，2018.

[78] 莫健生. 电子通信关键技术的应用及网络构架展望 [J]. 产业与科技论坛，2013，12（19）：129 - 130.

[79] 迟涛. 基于通信的多移动机器人编队控制研究 [D]. 鞍山：辽宁科技大学，2008.

[80] 孙继武. 基于多智能体机器人系统的实时通讯研究 [D]. 南京：南京理工大学，2002.

[81] 陈韶飞. 仿人机器人多控制器通信系统的研究 [D]. 重庆：重庆大学，2010.

[82] 孟宪松. 多水下机器人系统合作与协调技术研究 [D]. 哈尔滨：哈尔滨工程大学，2006.

[83] 张伟伟. 蓝牙局域网接入系统的研究 [D]. 南京：南京理工大学，2006.

[84] 马龙. 蓝牙无线通信技术的研究 [D]. 哈尔滨：哈尔滨理工大学，2003.

[85] 陈曦，张大龙，于宏毅，等. 基于 UWB 技术的无线自组织网络研究综述 [J]. 电讯技术，2004（1）：6 - 9.

[86] 曾凯. 超宽带无线信道仿真系统的设计与分析 [D]. 南京：南京邮电大学，2005.

[87] 武海斌. 超宽带无线通信技术的研究 [J]. 无线电工程，2003，33

（10）：50 – 53.

[88] 屈静. 超宽带通信系统中基于能量捕获的同步研究 ［D］. 北京：北京邮电大学，2008.

[89] 朱晓明. 超宽带通信系统中信道估计方法的研究 ［D］. 哈尔滨：哈尔滨工程大学，2008.

[90] 杨志红，周娟. 超宽带无线通信技术 ［J］. 科技信息，2009（9）：52 – 52.

[91] 荆利明. 超宽带无线通信中同步技术的研究 ［D］. 苏州：苏州大学，2008.

[92] 黄晨露. 基于 ZigBee 和 Can 总线的家庭监测及控制系统设计 ［D］. 上海：东华大学，2015.

[93] 卜益民. 基于物联网智能家居系统技术与实现 ［D］. 南京：南京邮电大学，2013.

[94] 曹蕾. 基于无线短程网络的 HART 协议研究与实现 ［D］. 西安：西安石油大学，2010.

[95] 崔宾，孟文. 基于 Zigbee 技术的群体机器人网络研究 ［J］. 计算机技术与发展，2010，20（6）：141 – 143.

[96] 马跃其. 基于 ZigBee 无线通信技术的智能家居系统 ［D］. 焦作：河南理工大学，2010.

[97] 兰丽娜. 基于 web、Wi – Fi 和 Android 的考勤与通信系统的开发 ［D］. 石家庄：河北科技大学，2013.

[98] 郭薇. 宽带无线 Wi – Fi 与 WiMAX 应用研究 ［D］. 北京：北京邮电大学，2007.

[99] 郝钰. 宽带无线 WiFi 与 WiMAX 应用研究 ［J］. 科技资讯，2009（18）：18 – 18.

[100] 刘晓明. TD – SCDMA 与 Wi – Fi 网络融合技术的研究 ［D］. 北京：北京邮电大学，2010.

[101] 张文慧. Wi – Fi 宽带无线的应用研究 ［J］. 电脑编程技巧与维护，2009（18）：72 – 72.

[102] 冯智成. 浅谈 WIFI 技术发展与日常维护 ［C］.//2014 信息通信网技术业务发展研讨会，北京：2014.

[103] 刘连浩，杨杰，沈增晖. 2.4 GHz 无线 USB 技术的开发与应用 ［J］. 计算机工程，2009，35（3）.

[104] 李旭，綦星光. 一种基于 FPGA 的串口通讯控制器设计 ［J］. 中国信息化，2012（18）：151 – 151.

[105] 聂聪．基于串口通信的工控组态软件系统的设计与实现［D］．武汉：华中科技大学，2012．

[106] 邢东升．六自由度喷涂机器人结构设计及控制［D］．天津：天津大学，2008．

[107] 张立超．仿人按摩机器人设计与研究［D］．沈阳：沈阳理工大学，2014．

[108] 金宏义．小议直流电机的结构与工作原理［J］．民营科技，2011（2）：31 – 31．

[109] 刘海东．电机机壳的铸造分析［J］．消费电子，2014（8）：16 – 16．

[110] 刘锋．关于直流电机基本工作工艺的探讨［J］．中国科技财富，2010（8）：164 – 164．

[111] 袁海涛．电动机自适应 PID 控制［D］．青岛：山东科技大学，2009．

[112] 班莹．基于靶标合作的三维坐标激光测量系统的研究［D］．天津：天津大学，2007．

[113] 王璐．四旋翼无人飞行器控制技术研究［D］．哈尔滨：哈尔滨工程大学，2012．

[114] 刘彦荣．基于 BP 网络的无刷直流电机无位置传感器控制［D］．天津：天津大学，2009．

[115] 王季秩．无刷电机的现在与将来［J］．微特电机，1999，27（5）：23 – 24．

[116] 高春能．基于 DSP 的全方位移动机器人运动小车设计与实现［D］．无锡：江南大学，2006．

[117] 郑雪春．馈能式汽车电动主动悬架的理论及试验研究［D］．上海交通大学，2007．

[118] 刘永．基于 DSP 的稀土永磁无刷直流电机控制系统［D］．南京：东南大学，2005．

[119] 田汉，曹著明．无人机动力系统研究［J］．海峡科技与产业，2017（7）：154 – 156．

[120] 陈鸽．基于 DSP 的智能型电动执行机构的研制［D］．南京：东南大学，2010．

[121] 张贺．基于 CAN 总线和 CANopen 协议的运动控制系统设计［D］．沈阳：东北大学，2006．

[122] 孙超英．浅谈无刷直流电机在电动工具中的应用［J］．电动工具，2014（5）：1 – 3．

[123] 刘苏龙．直流无刷电机光伏水泵系统控制研究［D］．南京：南京理工大

学，2007.

[124] 李翔．基于 DSP 的网络化直流无刷电机控制系统［D］．天津：天津工业大学，2008.

[125] 韩涛．基于 DSP 的电动汽车用电机控制系统的研究［D］．西安：西北工业大学，2004.

[126] 陈新荣．无刷直流电机无位置传感器控制系统的设计与研究［D］．南京：南京航空航天大学，2007.

[127] 江伟．无刷无位置传感器的电机控制研究［D］．上海：复旦大学，2007.

[128] 尹航．基于 DSP 的无刷直流电机矢量控制系统的研究与设计［D］．南京：南京邮电大学，2014.

[129] 倪飞．基于 FPGA 的无刷直流电机控制系统实现［D］．重庆：重庆大学，2013.

[130] 王振．三相 PWM 逆变器新型控制策略研究［D］．天津：天津大学，2009.

[131] 张烨．直流无刷电机的应用与发展前景［J］．中国科技信息，2013（2）：112 - 112.

[132] 邓冠丰．电动车用无刷直流电机控制器的研究［D］．重庆：西南大学，2010.

[133] 董晓辉，李国宁．基于 CPLD 的步进电机控制［J］．铁路计算机应用，2007，16（4）：11 - 13.

[134] 张明．步进电机的基本原理［J］．科技信息（科学·教研），2007（9）：83 - 83.

[135] 武亚雄．基于 PLC 控制的四相步进电机的电路设计［J］．数字技术与应用，2012（1）：27 - 28.

[136] 杨清明．基于图像处理的大蒜播种机排序机构设计［D］．南京：南京农业大学，2010.

[137] 聂钊．移送丝网印版的机械手控制系统研究开发［D］．西安：西安理工大学，2013.

[138] 陈公兴．浅谈基于 ARM7 的步进电动机的控制策略［J］．商情，2011（12）：179 - 179.

[139] 周惠芳，王迎旭．基于 PLC 的步进电机定位控制系统设计［J］．机电一体化，2013，19（4）：73 - 76.

[140] 刘宝志．步进电机的精确控制方法研究［D］．济南：山东大学，2010.

[141] 曾志伟．基于 CAN 总线的汽车发动机电子节气门控制技术研究［D］.

长沙：湖南大学，2006.

[142] 唐伟. 笛卡儿坐标式排牙机器人路径规划与控制 [D]. 哈尔滨：哈尔滨理工大学，2012.

[143] 臧福海. 高速自动倒角机研制 [D]. 合肥：合肥工业大学，2012.

[144] 赵世强. 轮式移动机器人运动控制系统研究与设计 [D]. 西安：西安电子科技大学，2009.

[145] 谭新元. 试谈步进电机的性能及其应用 [J]. 现代企业文化，2008（2）：141 - 142.

[146] 谷雷. 基于步进电机的驱动系统及驱动接口的选择 [J]. 电子世界，2014（12）：522 - 523.

[147] 任兴旺. 电脑绣花机若干关键问题的研究 [D]. 南京：南京理工大学，2009.

[148] 孙成印. 浅谈步进电机技术 [J]. 科技致富向导，2012（17）：280 - 280.

[149] 顾娜. 基于步进电机的自适应机翼驱动系统设计 [D]. 南京：南京航空航天大学，2009.

[150] 潘健，刘梦薇. 步进电机控制策略研究 [J]. 现代电子技术，2009，32（15）：143 - 145.

[151] Dianguo X，Panhai W，Jingzhuo S. Integrated position sensor based self - tuning PI speed controller for hybrid stepping motor drive [C]//Xi'an：The 4th International Power Electronics and Motion Control Conference，2004：1253 - 1256.

[152] 严平，陶正苏，赵忠华. 基于改进单纯形法寻优的步进电动机 PID 控制系统 [J]. 微特电机，2008（8）：49 - 51.

[153] Marino R，Peresada S，Tomei P. Nonlinear adaptive control of permanent magnet step motors [J]. Automatica，1995，31（11）：1595 - 1604.

[154] 胡俊达，胡慧，黄望军. 基于 PIC 单片机步进电机自适应控制技术的应用研究 [J]. 日用电器，2004（6）：22 - 23.

[155] Chen W D，Yung K L. Robust Adaptive Control Scheme for Improving Low - Speed Profile Tracking Performance of Hybrid Stepping Motor Servo Drive [J]. Transactions of Nanjing University of Aeronautics & Astronautics，2007，24（1）：8 - 16.

[156] 翟旭升，谢寿生，蔡开龙，等. 基于自适应模糊 PID 控制的恒压供气系统 [J]. 液压与气动，2008（2）：21 - 23.

[157] Szasz C，Marschalko R，Trifa V，et al. Data acquisition and signal

processing in vector control of PM – hybrid stepping motor ［C］//Brasov：Proceedings of the 6th International Conference on Optimization of Electrical and Electronic Equipments. 1998：447 – 450.

［158］ 史敬灼，王宗培，徐殿国，等．二相混合式步进电动机矢量控制伺服系统 ［J］．电机与控制学报，2000，4（3）：135 – 139.

［159］ Betin F，Pinchon D，Capolino G A. Fuzzy Logic Applied to Speed Control of a Stepping Motor Drive ［J］. IEEE Trans. On Industrial Electronics，2000，47（3）：610 – 622.

［160］ 沈正海，何明一．基于神经网络的步进电机细分电流最佳设计 ［J］．微电机，2005，38（3）：20 – 22.

［161］ 刘领涛．基于 PLC 金相试样抛光机控制系统的研究与设计 ［D］．保定：河北农业大学，2011.

［162］ 于晓红．伺服电机日常维护与保养 ［J］．时代农机，2015，42（11）：25 – 26.

［163］ 刘宏涛，张文亭．伺服电动机构造及发展 ［J］．自动化应用，2010（4）：43 – 44.

［164］ 樊飞．全自动数控平缝机控制系统的研究 ［D］．武汉：华中农业大学，2013.

［165］ 霍敬轩，马小康，张爱萍．视觉伺服系统 ［J］．科技创新与应用，2017（8）：70 – 70.

［166］ 熊瑶．电机伺服驱动技术的开发系统研究 ［D］．上海：东华大学，2016.

［167］ 李敖．基于单轴陀螺仪和伺服电机的交通绘制机器人在生产生活中的应用 ［J］．未来英才，2017（16）：231 – 232.

［168］ 陈引生．月壤采样机械臂设计及动态特性研究 ［D］．哈尔滨：哈尔滨工业大学，2009.

［169］ 刘中华．新型精密行星传动精度实验测试与分析研究 ［D］．重庆：重庆大学，2012.

［170］ 毋秋弘．伺服电机在注塑机行业的应用分析 ［C］//全国电技术节能学术年会，南昌：2013：161 – 169.

［171］ 张兴莲．基于 DSP + CPLD 的数字化交流伺服的研究 ［D］．西安：长安大学，2007.

［172］ 李攀攀．车载伺服系统的三维虚拟仿真技术研究 ［D］．南京：南京理工大学，2014.

［173］ 庞攸力．基于 DSP 技术的激光通信地面转台电控系统的研究 ［D］．长

春：长春理工大学，2008.

[174] 杨鹏. 钢管轧制机控制系统的设计 [D]. 西安：西安电子科技大学，2009.

[175] 于收海. 永磁交流伺服电动机永磁体涡流损耗计算及其设计 [D]. 沈阳：沈阳工业大学，2007.

[176] 任宝栋. 基于DSP的工业缝纫机伺服控制系统研究与设计 [D]. 阜新：辽宁工程技术大学，2006.

[177] 李晓艳. 伺服电机功能及作用 [J]. 中华少年：研究青少年教育，2012（18）：349－349.

[178] 刘兵义，王亚娟. 步进电机和交流伺服电机性能比较 [J]. 军民两用技术与产品，2015（22）：100－100.

[179] 顾小强. 基于PLC的自动摆饼机控制系统的设计及实现 [D]. 沈阳：东北大学，2009.

[180] 汪玉基. 基于PLC自动点胶机控制系统的研究与实现 [D]. 沈阳：东北大学，2011.

[181] 徐洁. 靶丸自动定位控制系统 [D]. 上海：上海大学，2002.

[182] 王洪涛. 一种三并联万向工作台的研究 [D]. 沈阳：东北大学，2008.

[183] 徐霞棋. 基于DSP的多轴运动控制系统设计 [D]. 上海：上海交通大学，2007：4－9.

[184] 肖永清. 谈工业控制电气伺服驱动技术及其发展 [J]. 机床电器，2012，39（5）.

[185] 张校菲. 嵌入式绣花机控制器若干关键技术的研究 [D]. 合肥：合肥工业大学，2010.

[186] 王勇. 步进电机和伺服电机的比较 [J]. 中小企业管理与科技（上旬刊），2010（12）：311－312.

[187] 蔡睿妍. 基于Arduino的舵机控制系统设计 [J]. 电脑知识与技术，2012，08（15）：3719－3721.

[188] 佚名. DIYer修炼：舵机知识扫盲 [EB/OL]. https：//www. guokr. com/article/5292/. 2011－01－17.

[189] 李嘉秀. 基于arduino平台的足球机器人在RCJ中的应用 [J]. 物联网技术，2015（3）：97－100.

[190] 程太明. 复合式无人飞行器试验平台设计与测试 [D]. 南京：南京航空航天大学，2015.

[191] 彭永强. Robocup人型足球机器人视觉系统设计与研究 [D]. 重庆：重庆大学，2009.

［192］林志远，王忠策．机器人舵机控制器设计［J］．产业与科技论坛，2014（11）：52－53．

［193］赵卫涛．蛇形仿生机器人运动控制研究［D］．北京：北京信息科技大学．2014．

［194］宇晓梅．四轮代步智能小车平台的设计开发［D］．青岛：中国海洋大学，2013．

［195］徐艳．机器视觉系统研究［D］．保定：河北大学，2007．

［196］杨琪．CMOS 在专业摄像机领域的应用前景分析［J］．科技信息（学术版），2007（12）：237－238．

［197］陈皎．基于机器视觉的自主机器人路径规划研究［D］．重庆：重庆大学，2009．

［198］曾毅．基于无线通信的移动机器人视觉系统研究［D］．广州：广东工业大学，2010．

［199］原魁，路鹏，邹伟．自主移动机器人视觉信息处理技术研究发展现状［J］．高技术通讯，2008（1）：104－110．

［200］邵泽明．视觉移动机器人自主导航关键技术研究［D］．南京：南京航空航天大学，2009．

［201］孙晋．基于视频图像的激光调阻系统应用研究［D］．武汉：华中科技大学，2008．

［202］刘昕．一种简易高识别率的信号灯识别算法［J］．微处理机，2013，34（6）：58－59．

［203］卢胜伟．基于图像处理的目标识别跟踪研究［D］．长春：长春理工大学，2008．

［204］刘军．数码相机后背图像采集系统的研制［D］．哈尔滨：哈尔滨工业大学，2007．

［205］赵津，朱三超．基于 Arduino 单片机的智能避障小车设计［J］．自动化与仪表，2013，28（5）：1－4．

［206］贲可存．钢丝绳电动葫芦性能测试系统的研究与开发［D］．南京：东南大学，2005．

［207］王红云，姚志敏，王竹林，等．超声波测距系统设计［J］．仪表技术，2010（11）：47－49．

［208］唐波，朱琼玲．基于 51 单片机超声波测距器设计［J］．矿业安全与环保，2009，36（Z1）：68－70．

［209］孙青．基于嵌入式控制系统的自动导引小车设计与实现［D］．南京：南京理工大学，2010．

[210] 田桂平．激光测距微弱信号检测方法研究［D］．宜昌：三峡大学，2005．

[211] 王文庆，张涛，龚娜．基于多传感器融合的自主移动机器人测距系统［J］．计算机测量与控制，2013（2）：343－345．

[212] 夏春龙，范煊．基于 arduino 的简易消防机器人的设计［J］．自动化应用，2016（4）：51－52．

[213] 刘子扬，苏祺钧，陈万通．基于单片机的防酒驾系统设计［J］．电子技术，2018，47（8）：58－60．

[214] 王东，莫先．基于 STM32 和 HC－SR501 智能家居的智能照明系统设计［J］．重庆理工大学学报：自然科学，2016，30（6）：135－142．

[215] 周连杰．温度触觉传感技术研究［D］．南京：东南大学，2011．

[216] 魏小坤．基于触觉传感器的电子游戏与用户身体体验研究［D］．哈尔滨：哈尔滨工业大学，2011．

[217] 刘平．基于力敏导电橡胶的柔性触觉传感器静态特性和动态特性研究［D］．合肥：合肥工业大学，2010．

[218] 林宝照，欧玉峰．基于仿生学研究的感觉传感器介绍［J］．企业技术开发（下半月），2010，29（12）．

[219] 陈必发，吴耀权．浅谈机电一体化的现状及发展前景［J］．电子制作，2013（9）：257－257．

[220] 佚名．机器人控制系统的基本单元与机器人控制系统的特点分析［EB/OL］．http://www.sohu.com/a/242833204_100145103，2018－07－23．

[221] 李广弟．单片机基础［M］．北京；北京航空航天大学出版社，1994．

[222] 应明仁．单片机原理与应用［M］．广州：华南理工大学出版社，2005．

[223] 孙戴魏．浅议单片机原理及其信号干扰处理措施［J］．企业导报，2012（3）：290－291．

[224] 王慧聪．压力式明渠流量在线自动检测系统［D］．太原：太原理工大学，2015．

[225] 张雄伟．DSP 芯片的原理与开发应用［M］．北京：电子工业出版社，2003．

[226] 张雄伟．DSP 集成开发与应用实例［M］．北京：电子工业出版社，2002．

[227] 宋玥．基于 DSP6713 的多轴运动控制器的设计［D］．广州：广东工业大学，2009．

[228] 美国德州仪器公司．DSP 外设驱动程序的开发［J］．电子设计应用，2003（7）：49－51．

［229］ 张行，雷勇．开发 DSP 硬件驱动程序的一种方法［J］．现代电子技术，2007，30（11）：189－191.

［230］ 李卫华．视频数字信号处理芯片 XY－VDSP 的 C 编译器开发［D］．西安：西安电子科技大学，2003.

［231］ 杨航．基于 ARM 的嵌入式软硬件系统设计与实现［J］．求知导刊，2015（9）：60－60.

［232］ 范书瑞．ARM 处理器与 C 语言开发应用［M］．北京：北京航空航天大学出版社，2014.

［233］ 史文博．一种单兵目标侦察定位终端的设计［D］．南京：南京理工大学，2013.

［234］ 刘力．基于 Ardunio 和 Android 的蓝牙遥控车［J］．科技视界，2016（14）：148－148.

［235］ 谢嘉，王世明，曹守启，等．基于 Arduino 的智能家居系统设计与实现［J］．电子设计工程，2018，26（02）：88－93.

［236］ 蔡睿妍．Arduino 的原理及应用［J］．电子设计工程，2012，20（16）：155－157.

［237］ 孟魁．基于 Arduino 的物流实验体系建设［J］．决策与信息旬刊，2013（12）：655－656.

［238］ 朱雨田，陈劲杰，张波，等．基于 Arduino 的移动机器人智能控制系统设计［J］．电子科技，2017（5）：135－138.

［239］ 佚名．详解 Arduino Uno 开发板的引脚分配图及定义［EB/OL］．https://www.yiboard.com/thread－831－1－1.html，2018－5－10.

［240］ 邓昶．常用计算机编程语言的分析和选用技巧探析［J］．计算机光盘软件与应用，2014，17（19）：75－76.

［241］ 全权，王帅．详解机器人基础入门知识［J］．机器人产业，2018，20（03）：71－83.

［242］ 夏春龙，范煊．基于 arduino 的简易消防机器人的设计［J］．自动化应用，2016（4）：51－52.

［243］ 刘远法，周屹．基于 Arduino 单片机的解魔方机器人——控制部分［J］．电脑知识与技术，2016，12（7）：171－173.

［244］ 李世鹏，林国湘，李林升．基于 FDM 的彩色 3D 打印机控制系统设计［J］．机械工程师，2017（2）：26－28.

［245］ 马忠梅．等．单片机的 C 语言应用程序设计［M］．北京：北京航空航天大学出版社，2013.

［246］ 郭天祥．新概念 51 单片机 C 语言教程［M］．北京：电子工业出版社，

2009.

［247］ Warren J D, Adams J, Molle H . Arduino for Robotics ［J］. 2011.

［248］ 陈吕洲 . Arduino 程序设计基础 ［M］. 北京：北京航空航天大学出版社，2014.

［249］ 佚名 . Arduino 编程基础(二)——C\C++ 语言基础(下)［EB/OL］. https://www. arduino. cn/thread－45050－1－1. html. 2017－4－12.

［250］ 程晨 . Arduino 开发实战指南. AVR 篇 ［M］. 北京：机械工业出版社，2012.

［251］ 居聪，曹中忠，张勇，等 . 基于单片机的空调智能控制器的设计 ［J］. 软件，2014（6）：34－38.

［252］ 黄丽雯，韩荣荣，宋江敏 . 基于 Arduino/Android 的语音控制小车设计 ［J］. 实验室研究与探索，2015，34（12）：53－56.